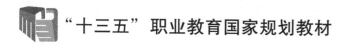 "十三五"职业教育国家规划教材

SQL Server 数据库应用与维护

主　编　翁正秋

副主编　陈清华　　池万乐　　田启明

　　　　王志梅　　陈慧蛟

参　编　周欣宇　　孙志远　　徐君卿

　　　　施莉莉　　施郁文　　杜益虹

　　　　陈国浪　　邵剑集

北京理工大学出版社

BEIJING INSTITUTE OF TECHNOLOGY PRESS

内 容 简 介

本书共分两个阶段，第一阶段进行 SQL Server 的专业内容教学，让学生学会 SQL Server 数据库的配置、T – SQL 语句、存储过程、触发器、用户管理、备份恢复等基础知识；第二阶段在掌握 SQL Server 基础理论知识的前提下，辅以融合课程知识和技能点的基于企业真实项目的综合实践项目。本书以课程组开发的"采购数据库 PO"为主线进行编写，每个章节都包含知识点、实训、课后习题三大部分。

本书适合作为高职院校数据库类课程的教材，也可供数据库爱好者阅读和参考。

图书在版编目（CIP）数据

SQL Server 数据库应用与维护/翁正秋主编 . —北京：北京理工大学出版社，2017.6
（2021.5 重印）
ISBN 978 – 7 – 5682 – 4246 – 2

Ⅰ. ①S…　　Ⅱ. ①翁…　　Ⅲ. ①关系数据库系统　　Ⅳ. ①TP311. 138

中国版本图书馆 CIP 数据核字（2017）第 156103 号

出版发行／北京理工大学出版社有限责任公司

社　　址／北京市海淀区中关村南大街 5 号

邮　　编／100081

电　　话／（010）68914775（总编室）
　　　　　（010）82562903（教材售后服务热线）
　　　　　（010）68948351（其他图书服务热线）

网　　址／http：//www.bitpress.com.cn

经　　销／全国各地新华书店

印　　刷／三河市华骏印务包装有限公司

开　　本／787 毫米×1092 毫米　1/16

印　　张／17.5

字　　数／411 千字

版　　次／2017 年 7 月第 1 版　2021 年 5 月第 4 次印刷

定　　价／45.00 元

责任编辑／钟　博

文案编辑／钟　博

责任校对／周瑞红

责任印制／李志强

前　　言

　　"SQL Server 数据库应用与维护"是一门理论性和实践性都很强的课程。该课程使数据库原理知识与数据库实际项目相结合，让学生真正将理论知识转化为应用技能。为达到全面提高学生的动手能力、实践能力及职业技术素质的目标，本教材突出实用性、适用性和先进性，合理安排教学内容和环节。另外，为规范教师教学，我们制作并提供相关辅助教学资源。辅助教学资源包括能够满足"一体化"教学的课程教学大纲、实训考核大纲和教学课件，建立能够让学生自主学习、自主测试的试题库、技能测试题库和教学视频等，同时提供习题与实训的参考答案。

　　本教材认真贯彻执行教育部《新世纪高职高专教育人才培养模式和教学内容体系改革与建设项目计划》的精神，采用专题驱动的方式讲授 SQL Server 数据库的应用知识，配以丰富的应用实例，将各章知识点有机融合贯穿，以增强教材的可操作性、可读性。本教材贴近学生学习实际，降低了学习难度，从而提高学生的学习兴趣和学习主动性。

　　通过对本教材的学习，学生能够在已有的数据库基础知识及基本操作技能等的基础上，对目前市场占有率较高的 SQL Server 数据库有一个系统的、全面的了解，具备一定的 SQL Server 数据库管理与开发基础，掌握 SQL Server 数据库的管理和实现方法，提高在 SQL Server 数据库安装、使用、维护和管理等方面的能力，同时为后续课程的学习打好基础。

　　本教材的学习内容分为两个阶段，见表 0 - 1。

表 0 - 1　本教材内容的两个阶段

阶段	学时	教学方法
基础内容教学 （基本知识与技能）	12 周，每周 6 课时，共 72 课时	讲、练结合，学、做合一
综合项目教学 （源于真实项目）	6 周，每周 5 课时，共 30 课时	项目驱动，实战训练

　　第一阶段建议 72 个学时，进行 SQL Server 数据库的专业内容教学，让学生学会 SQL Server 数据库的配置、T - SQL 语句、存储过程、触发器、用户管理、备份恢复等基础

知识。

第二阶段建议 30 个学时，在使学生掌握 SQL Server 数据库基础理论知识的前提下，辅以融合课程知识和技能点的基于企业真实项目的综合实践项目，即"金蝶 K3 ERP 系统的 SQL Server 数据库开发和维护"。该项目主要和金蝶软件温州分公司合作，由金蝶软件温州分公司提供项目案例，初始化数据都源于真实数据。学生根据要求进行金蝶 K3 ERP 系统特定模块的数据库开发和维护，所选的案例也充分考虑到实际岗位对数据库技术的要求。这些案例使学生能够将本门课程相关联的若干知识及技能点融会贯通，并对所学的知识进行灵活运用，针对金蝶软件温州分公司的要求进行数据库的开发和维护，同时提高学生独立分析问题、解决问题的能力，为今后从事数据库相关工作打下良好的基础。其具体内容为第十章中的 6 个综合实训。

本教材的学时安排建议见表 0 - 2。

表 0 - 2　内容与学时安排

序号	模块	主要内容	学时
1	系统安装与配置	SQL Server 概述	6
		SQL Server 体系结构	
		SQL Server 管理工具	6
2	数据定义语言（DDL）	SQL Server 对象管理	12
3	数据操纵语言（DML）	SQL Server 数据管理	12
4	数据库编程	T - SQL 语言基础及应用	12
		存储过程	6
		触发器	6
5	数据库日常管理与维护	用户管理	6
		备份与恢复	6
6	数据库综合应用	企业项目（一）	5
		企业项目（二）	5
		企业项目（三）	5
		企业项目（四）	5
		企业项目（五）	5
		企业项目（六）	5
		合计	102

本教材以课程组开发的"采购数据库 PO"为主线进行编写，每个章节都包含知识点、实训、课后习题三大部分。

课程考核方式建议：在计算总评分时平时成绩占总成绩的50%，且平时成绩与考勤、学生课堂回答问题情况、作业上交情况挂钩。具体分配方案如下：

总评分＝平时分×50%＋期末考试×50%

平时分＝课堂表现（30%）＋考勤（20%）＋实训与作业情况（50%）

本教材由温州职业技术学院的数据库教研团队与台州科技职业学院老师，联合中国金蝶软件温州分公司和新东方教育集团的技术人员共同编写完成。参加编写的作者都是"双师"型教师，除了丰富的教学经验外，他们还具有多年的实际领域工作经验。

本教材的编写得到了浙江省教育厅访问工程师"校企合作项目"（项目编号：FG2020072）、浙江省产学合作协同育人项目（项目名称：基于政产学研用的信息技术类专业课证融通改革）的支持，在此表示衷心的感谢。

另外，该教材中所用的数据库版本为 SQL Server 2012 企业版。

由于作者水平有限，教材中难免会出现疏漏或不妥之处，望广大读者不吝赐教。

编 者

目　　录

第一章

SQL Server 概述

本章学习目标

本章对企业级 SQL Server 数据库进行概述式的讲解，并对中文版 SQL Server 2012 的安装和配置进行了详细的说明，内容包括运行中文版 SQL Server 2012 的系统需求，安装、卸载、启动和停止 SQL Server 服务等。通过对本章的学习，读者应了解中文版 SQL Server 2012 数据库的基本构成及其安装要求和注意事项，熟悉中文版 SQL Server 2012 的安装方法以及启动和停止 SQL Server 服务的各种方法。

学习要点

☑ SQL Server 数据库的构成；
☑ 中文版 SQL Server 2012 的安装与卸载。

1.1 数据库概述

1.1.1 SQL Server 2012 简介

SQL Server 是一个大型分布式客户端 – 服务器结构的关系型数据库管理系统（RDBMS）。SQL Server 产品的发展历程见表 1 – 1。

表 1 – 1 SQL Server 产品的发展历程（截至 2015 年 9 月）

年份	版本	说明
1988	SQL Server	微软、赛贝斯、Ashton Tate 3 家公司共同开发的、运行于 OS/2 上的联合应用程序
1993	SQL Server 4.2 （一种桌面数据库）	一种功能较少的桌面数据库，能够满足小部门数据存储和处理的需求。数据库与 Windows 集成，界面易于使用并广受欢迎
1994		微软公司与赛贝斯公司终止合作关系
1995	SQL Server 6.05 （一种小型商业数据库）	对核心数据库引擎作了重大的改写。这是首次"意义非凡"的发布，产品性能得以提升，重要的特性得到增强。这一版本的 SQL Server 具备了处理小型电子商务和内联网应用程序的能力，而在花费上却少于其他同类产品
1996	SQL Server 6.5	SQL Server 凸显实力，以至于 Oracle 推出了运行于 NT 平台上的 7.1 版本作为直接的竞争

续表

年份	版本	说明
1998	SQL Server 7.0（一种 Web 数据库）	再一次对核心数据库引擎进行了重大改写。这是相当强大的、具有丰富特性的数据库产品的明确发布，该数据库介于基本的桌面数据库（如 Microsoft Access）与高端企业级数据库（如 Oracle 和 DB2）之间，为中小型企业提供了切实可行（并且还廉价）的可选方案。该版本易于使用，并提供了对于其他竞争数据库来说需要额外附加的、昂贵的重要商业工具（例如，分析服务、数据转换服务），因此获得了良好的声誉
2000	SQL Server 2000（一种企业级数据库）	SQL Server 在可扩缩性和可靠性上有了很大的改进，成为企业级数据库市场中重要的一员（支持企业的联机操作，其所支持的企业有 NASDAQ、戴尔和巴诺等）
2005	SQL Server 2005	对 SQL Server 的许多地方进行了改写，例如，通过名为集成服务（Integration Service）的工具来加载数据并引入了 .NET Framework，允许构建 .NET SQL Server 专有对象，从而使 SQL Server 具有灵活的功能
2008	SQL Server2008	SQL Server2008 以处理目前能够采用的许多种不同的数据形式为目的，通过提供新的数据类型和使用语言集成查询（LINQ），在 SQL Server 2005 的架构基础之上被打造出来。SQL Server 2008 同样涉及处理像 XML 这样的数据、紧凑设备（compact device）以及位于多个不同地方的数据库安装。另外，它提供了在一个框架中设置规则的能力，以确保数据库和对象符合定义的标准，并且，当这些对象不符合该标准时，还能够就此进行报告
2010	SQL Server 2008R2	2010 年发布 SQL Server 2008R2 版本，该版本在 2008 版本的基础上增加了新的特性，如统一的基础架构、实现端到端的管理、支持无处不在的访问等
2012	SQL Server 2012	SQL Server 2012 带来了 12 项新特性，提高了大数据可用性和未来发展，以应对云时代的来临。对于 Microsoft 来说这绝对是重大的更新
2014	SQL Server 2014	SQL Server 2014 增加了新的特性。它使用跨 OLTP、数据仓库、具有商业智能分析功能的高性能内置内存技术来构建关键任务的应用程序，使用统一的工具在本地和云中部署和管理数据库，具有跨云和本地的突破性性能和更强的洞察力

注：上述资料来源于微软官方网站

  SQL Server 2012 作为微软公司的数据库管理产品，虽然是建立在 SQL Server 2008R2 的基础之上，但是在性能、稳定性和易用性方面都有相当大的改进。SQL Server 2012 全面支持云技术与平台，并且能够快速构建相应的解决方案，实现私有云与公有云之间数据的扩展与应用的迁移。本书以 SQL Server 2012 为例进行讲解。

  Microsoft 数据平台提供一个解决方案来存储和管理许多数据类型，包括 XML、E - mail、时间/日历、文件、文档、地理信息等。它同时提供一个丰富的服务集合来与数据交互，实现搜索、查询、数据分析、报表、数据整合和同步功能。用户可以访问从创建到存档于任何设备的信息、从桌面到移动设备的信息。SQL Server 2012 给出了如图 1-1 所示的平台。

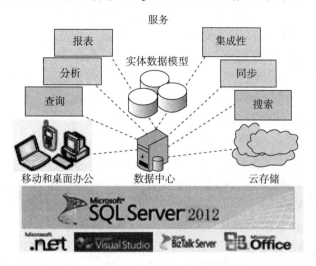

图 1-1 Microsoft 数据平台

提示

SQL Server 2012 具备可伸缩性、可靠性以及前所未有的高性能，不仅延续了现有数据平台的强大能力，全面支持云技术与平台，并能够快速构建相应解决方案。实现私有云与公有云之间的数据扩展与应用的迁移。

SQL Server 2012 作为数据库管理系统，支持应用程序运行在 Microsoft 数据平台上，同时降低了用户管理数据基础设施和发送观察信息的成本。该数据库管理系统有以下特点。

1. 提高了可用性

SQL Server 2012 提供的 AlwaysOn 功能能够保障企业应用的正常运转，减少意外宕机时间。

2. 高数据库引擎的性能，支持云计算

SQL Server 2012 支持列存储索引，在处理大量数据的统计时，使性能显著提高；强化了 Trasact_ SQL 的功能，例如分页查询功能；支持 Azure 云数据库的管理，使数据库成为一种新的服务技术。

3. 商业智能功能

SQL Server 2012 的商业智能功能面向最终用户和信息的分析和操作者，通过 BI 语义模型让最终用户更容易理解字段的含义。它提供 Power View 和 PowerPivot 工具，能够帮助企业快速地从数据中发现信息，从而解决业务问题。

1.1.2 SQL Server 2012 的新特性

SQL Server 2012 不仅改进了原有性能，还添加了许多新特性。其新特性如下：

（1）使用 AlwaysOn 将数据库的镜像提到了一个新的高度。

（2）通过 Windows Server Core 使用 DOS 和 PowerShell 来进行用户交互。

（3）通过 Columnstore 索引技术实现超高速的查询。

（4）通过自定义服务器权限来支持针对服务器的权限设置。

（5）通过增强的审计功能让用户可以自定义审计规则，记录一些自定义的时间和日志。

（6）通过 BI 语义模型和数据质量服务确保数据的可靠性和一致性。

（7）通过 Sequence Objects 实现根据触发器的自增值。

（8）增强的 PowerShell 支持。

（9）通过分布式回放功能记录生产环境的工作状况，然后在另外一个环境中重现这些工作状况。

（10）通过 PowerView 这个强大的自主 BI 工具让用户创建 BI 报告。

（11）对 SQL Azure 作了关键改进。

（12）大数据支持。微软公司宣布了与 Hadoop 的提供商 Cloudera 公司合作。该合作提供了 Linux 版本的 SQL Server ODBC 驱动。主要的合作内容是微软公司开发 Hadoop 的连接器，这意味着 SQL Server 也跨入了 NoSQL 领域。

由于篇幅的原因，本书重点讲解 SQL Server 集成服务、分析服务、报表服务以及 Office 集成等新特性。

1. SQL Server 集成服务

SQL Server 集成服务（SQL Server Integration Services，SSIS）是一个嵌入式应用程序，用于开发和执行解压缩、转换和加载（Extract – Transform – Load，ETL）包。SSIS 代替了 SQL Server 2000 的数据转换服务（Data Transformation Services，DTS），其集成服务功能既包含实现简单的导入/导出包所必需的 Wizard 导向插件、工具以及任务，也包含非常复杂的数据清理功能。

> **提示**
>
> SQL Server 2012 SSIS 的功能有很大的改进和增强，例如能够更好地并行执行程序，能够在多处理器机器上跨越两个处理器，而且在处理大件包方面的性能得到了提高。SSIS 引擎更加稳定，锁死率更低，Lookup 功能也得到了改进。

2. 分析服务

SQL Server 分析服务（SQL Server Analysis Services，SSAS）也得到了很大的改进和增强。其中 IB 堆叠得到了改进，性能得到很大提高，而硬件商品能够为 Scale out 管理工具所使用，Block Computation 也增强了立体分析的性能。

3. 报表服务

SQL Server 报表服务（SQL Server Reporting Services，SSRS）的处理能力和性能得到改进，使大型报表不再耗费所有可用内存。另外，报表的设计和完成之间有了更好的一致性。SQL Server 2012 SSRS 还包含跨越表格和矩阵的 Tablix。Application Embedding 允许用户单击报表中的 URL 链接调用应用程序。

4. Office 集成

SQL Server 2012 能够与 Microsoft Office 完美地结合。例如，SSRS 能够直接把报表导出成为 Word 文档，而且 Report Authoring 工具、Word 和 Excel 都可以作为 SSRS 报表的模板。Excel SSAS 新添了一个数据挖掘插件，性能得到提高。

1.1.3 SQL Server 的构成

在 SQL Server 中，用于数据存储的实用工具是数据库。从逻辑的角度，数据库分为两类：系统数据库和用户数据库。

1. 系统数据库

无论 SQL Server 的哪一个版本，都存在一组系统数据库，存储有关 SQL Server 的系统信息。SQL Server 使用系统数据库来管理系统。这些系统数据库分别是 Master、Model、Msdb 和 Tempdb。这些系统数据库的文件存储在 SQL Server 的默认安装目录的 "MSSQL" 子目录的 "Data" 文件夹中。

1）Master 数据库

Master 数据库是 SQL Server 中最重要的数据库，它位于 SQL Server 的核心，如果该数据库被损坏，SQL Server 将无法正常工作。Master 数据库中包含了所有的登录名或用户 ID 所属的角色、服务器中的数据库的名称及相关信息、数据库的位置以及 SQL Server 初始化信息。定期备份 Master 数据库非常重要。确保备份 Master 数据库是备份策略的一部分。

2）Model 数据库

创建数据库时，总是以一套预定义的标准为模型。例如，若希望所有的数据库都有确定的初始大小，或者都有特定的信息集，那么可以把这些信息放在 Model 数据库中，以 Model 数据库作为其他数据库的模板数据库。如果想要使所有的数据库都有一个特定的表，可以把该表放在 Model 数据库里。

3）Msdb 数据库

SQL Server 代理使用 Msdb 数据库来计划警报和作业，SQL Server Management Studio、Service Broker 和数据库邮件等其他功能也使用该数据库。

例如，SQL Server 在 Msdb 数据库的表中自动保留一份完整的联机备份与还原历史记录。这些信息包括执行备份一方的名称、备份时间和用来存储备份的设备或文件。SQL Server Management Studio 利用这些信息来提出计划，以还原数据库和应用任何事务日志备份。SQL Server 将会记录有关所有数据库的备份事件，即使它们是由自定义应用程序或第三方工具创建的。例如，如果使用调用 SQL Server 管理对象（SMO）的 Microsoft Visual Basic 应用程序执行备份操作，则事件将记录在 Msdb 系统表、Microsoft Windows 应用程序日志和 SQL Server 错误日志中。

> **提示**
>
> 在默认情况下，Msdb 数据库使用简单恢复模式。如果使用备份和还原历史记录表，建议对 Msdb 数据库使用完整恢复模式。当安装或升级 SQL Server 时，只要使用 "Setup. exe"

重新生成系统数据库，Msdb 数据库的恢复模式便会自动设置为简单。在进行任何更新 Msdb 数据库的操作后，例如备份或还原任何数据库，均建议备份 Msdb 数据库。有关详细信息，请参阅系统数据库的备份和还原（SQL Server）。

4）Tempdb 数据库

Tempdb 数据库是一个全局资源，可供连接到 SQL Server 实例的所有用户使用，并可用于保存下列各项：

（1）显式创建的临时用户对象，例如全局或局部临时表、临时存储过程、表变量或游标。

（2）SQL Server 数据库引擎创建的内部对象，例如用于存储假脱机或排序的中间结果的工作表。

（3）由使用已提交读（使用行版本控制隔离或快照隔离事务）的数据库中数据修改事务生成的行版本。

（4）由数据修改事务为实现某些功能而生成的行版本，这些功能包括：联机索引操作、多个活动的结果集（MARS）以及 AFTER 触发器。

Tempdb 数据库中的操作是最小日志记录操作，这将使事务产生回滚。每次启动 SQL Server 时都会重新创建 Tempdb 数据库，从而在系统启动时总是保持一个干净的数据库副本。在断开连接时 SQL Server 会自动删除临时表和存储过程，并且在系统关闭后没有活动连接，因此 Tempdb 数据库中不会有内容从一个 SQL Server 会话保存到另一个会话。不允许对 Tempdb 数据库进行备份和还原操作。

2. 用户数据库

用户数据库指的是用户使用 SQL Server Management Studio 或 Transact - SQL 在 SQL Server 中创建的数据库。它是用户创建的数据库。在一个 SQL Server 的实例中最多可以指定 32767 个数据库。

1.1.4 常见数据库对象

SQL Server 中的数据库是由数据表的集合组成的，每个数据表中包含数据以及其他数据库对象，这些对象包括视图、索引、存储过程和触发器等。数据库系统使用一组操作系统文件来映射数据库管理系统中保存的数据库，数据库中的所有数据和对象都存储在其映射的操作系统文件中。这些操作系统文件可以是数据文件或日志文件。

数据库中存储了表、视图、索引、存储过程、触发器等数据库对象，这些数据库对象存储在系统数据库或用户数据库中，用来保存 SQL Server 数据库的基本信息及用户自定义的数据操作等。

1. 表与记录

表是数据库中实际存储数据的对象。由于数据库中的其他所有对象都依赖于表，因此可以将表理解为数据库的基本组件。一个数据库可以有多个行和列，并且每列包含特定类型的信息。列和行也可以称为字段与记录。字段是表中的纵向元素，包含同一类型的信息，例如读者卡号（Rcert）、姓名（Name）和性别（Sex）等；字段组成记录，记录是表中的横向元素，包含单个表内所有字段所保存的信息，例如读者信息表中的一条记录可能包含一个读者的卡号、姓名和性别等。

2. 视图

视图是从一个或多个基本（数据）表中导出的表，也被称为虚表。视图与表非常相似，也由字段与记录组成。与表不同的是，视图不包含任何数据，它总是基于表，用来提供一种浏览数据的不同方式。视图的特点是，其本身并不存储实际数据，因此可以是连接多张数据表的虚表，还可以是使用 WHERE 子句限制返回行的数据查询的结果，并且它是专用的，比数据表更直接地面向用户。

3. 索引

索引是一种无须扫描整个表就能实现对数据快速访问的途径，使用索引可以快速访问数据库表中的特定信息。索引是对数据库表中一列或多列的值进行排序的一种结构，例如"读者信息"数据表中的"员工卡号"列。如果要查找某一读者姓名，索引会帮助用户更快地获得其所查找的信息。

4. 约束

约束是 SQL Server 实施数据一致性和完整性的方法，是数据库服务器强制的业务逻辑关系。约束限制了用户输入到指定列中值的范围，强制了引用完整性。主键和外键就是约束的一种形式。当在数据库设计器中创建约束时，约束必须符合创建和更改表的 ANSI 标准。

5. 数据库关系图

在讲述规范化和数据库设计时会详细讲述数据库关系图，这里只需要清楚数据库关系图是数据库设计的视觉表示，它包括各种表、每一张表的列名以及表之间的关系。在一个实体关系（Entity – Relationship，或者叫 E – R 关系图）中，数据库被分成两部分：实体（如"生产企业"和"顾客"）和关系（如"提供货物"和"消费"）。

6. 默认值

如果在向表中插入新数据时没有指定列的值，则默认值就是指定这些列中所有的值。默认值可以是任何取值为常量的对象。默认值也是 SQL Server 提供确保数据一致性和完整性的方法。

7. 规则

规则和约束都是限制插入到表中的数据类型的信息。如果更新或插入记录违反了规则，则插入或更新操作被拒绝。此外，规则可用于定义自定义数据库类型上的限制条件。与约束不同，规则不限于特定的表。它们是独立对象，可绑定到多个表，甚至绑定到特定数据类型（从而间接用于表中）。

8. 存储过程

存储过程与其他编程语言中的过程类似，原因主要为：接收输入参数并以输出参数的格式向调用过程或批处理返回多个值；包含用于在数据库中执行操作（包括调用其他过程）的编程语句向调用过程或批处理所返回的状态值，以指明成功或失败（以及失败的原因）。可以使用 EXECUTE 语句来运行存储过程。但是，存储过程与函数不同，因为存储过程不返回取代其名称的值，也不能直接在表达式中使用。

9. 触发器

触发器是一种特殊类型的存储过程，这是因为触发器也包含了一组 Transact-SQL 语句。但是，触发器又与存储过程明显不同，例如触发器可以执行。如果希望系统自动完成某些操作，并且自动维护确定的业务逻辑和相应的数据完整，那么可以通过使用触发器来实现。触发器可以查询其他表，而且可以包含复杂的 Transact-SQL 语句。它们主要用于强制服从复杂的业务规则或要求。例如，用户可以根据商品当前的库存状态，决定是否需要向供应商进货。

1.2　安装 SQL Server 2012

下面使用安装向导安装 SQL Server 2012。进入"SQL Server 安装中心"，选择"安装"选项，在新的电脑上安装 SQL Server 2012 可以直接选择"全新 SQL Server 独立安装或向现有安装功能"，这时将会安装一个默认 SQL 实例，如图 1-2 和图 1-3 所示。

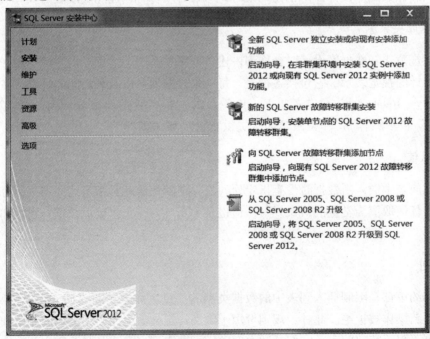

图 1-2　光盘启动界面

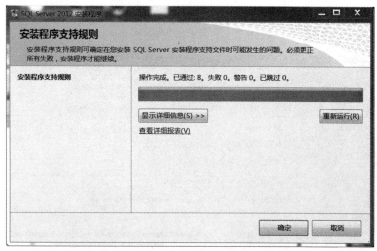

图 1-3 安装程序支持规则

> **提示**
>
> "系统配置检查"界面将扫描安装计算机，查找是否存在可能阻止安装程序运行的情况。若要查看 SCC 结果，可单击"报告"按钮选择"报告"选项，包括查看报告、将报告保存到文件、将报告复制到剪贴板和以电子邮件的形式发送报告。在此过程中，如果存在不满足安装要求的配置，SCC 会提示用户。

接下来进行功能选择，此处会提供所有的功能，可以根据需要，有选择性地安装各种组件。若只安装数据库服务器，可以按实际工作需要进行功能的选择。本书选择了全部安装，其中数据库引擎服务是 SQL Server 数据库的核心服务，Analysis 及 Reporting 服务可按部署要求进行安装，这两个服务需要 IIS 的支持，如图 1-4 所示。

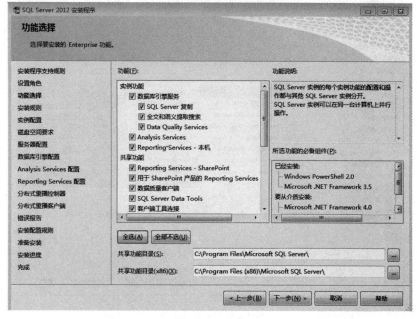

图 1-4 功能选择

在实例配置时，可直接选择默认实例进行安装，若同一台服务器中有多个数据服务实例，可按不同实例名进行安装，如图 1-5 所示。

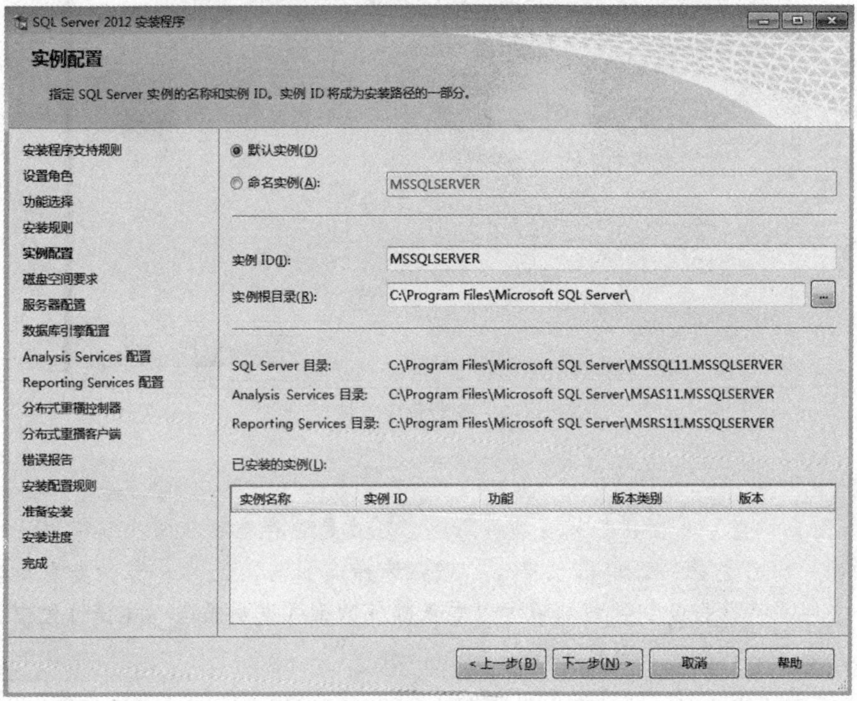

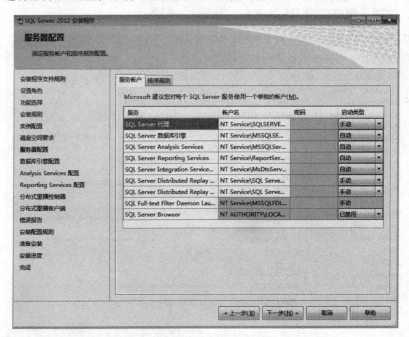

图 1-5 实例配置

接下来进行服务器配置，服务器配置主要是服务启动账户的配置，如图 1-6 所示。

图 1-6 服务器配置

进行数据库引擎配置。在当前配置中主要设置 SQL Server 登录验证模式、账户密码，以及 SQL Server 的数据存储目录，身份验证模式推荐使用混合模式，在安装过程中内置的 SQL Server 系统管理员账户（sa）的密码比较特殊，SQL Server 2012 对 sa 的密码强度的要求相对比较高，其需要由大、小写字母，数字及符号组成，否则将不允许继续安装。在"指定.SQL Server 管理员"中最好指定本机的系统管理员 Administrator，如图 1 – 7 所示。

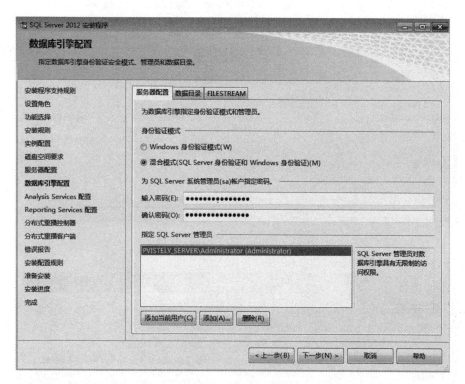

图 1 – 7 数据库引擎配置

提示

选择用于 SQL Server 安装的身份验证模式时，还必须输入并确认用于 sa 登录的强密码。建议用户使用 Windows 身份验证。设置强密码对于确保系统的安全至关重要。强烈建议用户使用强密码。

后续的安装过程即根据安装向导，一步一步地进行即可。具体操作如图 1 – 8 ~ 图 1 – 13 所示。

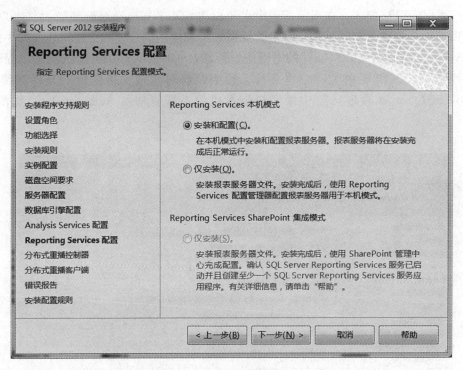

图 1 – 8   Reporting Services 配置

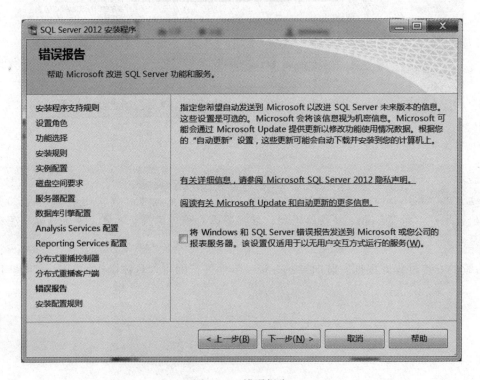

图 1 – 9   错误报告

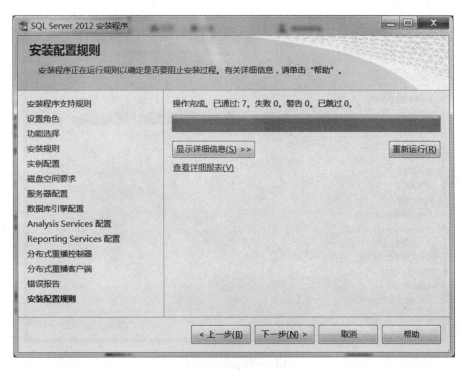

图 1 – 10　安装配置规则

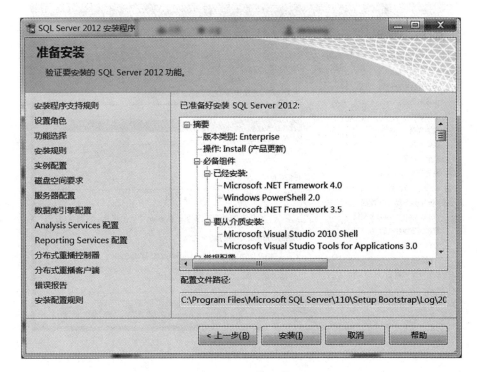

图 1 – 11　准备安装

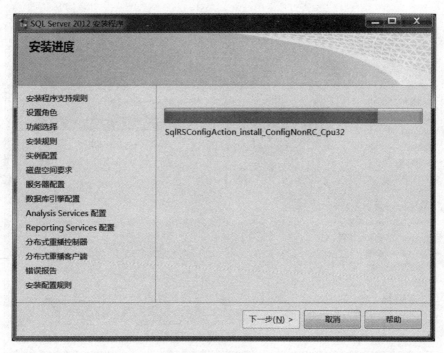

图 1 - 12　安装进度

图 1 - 13　安装完成

1.3 实 训

实训 1 - 1 【安装 SQL Server 2012】

按照 1.2 节的步骤，上机安装中文版 SQL Server 2012。

1.4 习 题

一、填空题

1. SQL Server 2012 包含三大部件，即____、____和____。其中，最重要的部件是____。

2. 运行 SQL Server 2012 安装程序前，需关闭 Windows NT 的____和____。

3. 系统中可以同时运行多个 SQL Server 数据库服务器，这其中包括一个____实例和最多____个命名实例。

4. SQL Server 2012 提供了 3 种不同类型的文件格式，即____、____和____。其中，前两种类型的文件一般都安装在同一个目录下，而后一种类型的文件一般安装在____目录下。

5. 如果没有将 SQL Server 服务设置为自动启动，可以用 3 种方法来启动或停止 SQL Server 服务，它们分别是：____、____和____。

二、简答题

1. 试述安装中文版 SQL Server 2012 前的注意事项和需做的准备工作。

2. 试述安装 SQL Server 2012 的几个重点步骤。

3. 什么是 SQL Server 实例？SQL Server 中有哪几种类型的实例？

第二章

SQL Server 体系结构

📕 **本章学习目标**

本章对企业级 SQL Server 数据库进行体系结构、数据库基础操作以及身份验证模式的讲解。通过对本章的学习，读者应了解中文版 SQL Server 2012 数据库的体系结构及各种数据库基本操作，并能够掌握 SQL Server 数据库系统的文件与文件组的概念以及数据库大小的估算等。

📖 **学习要点**

☑ SQL Server 数据库的体系结构；
☑ SQL Server 数据库的基础操作；
☑ SQL Server 数据库的文件与文件组。

2.1 数据库体系结构概述

SQL Server 2012 是一个非常优秀的数据库软件和数据分析平台。SQL Server 2012 本身由关系数据库、复制服务、数据转化服务、通知服务、分析服务和报告服务等有层次地构成一个整体，通过管理工具集成管理。

SQL Server 2012 的体系结构，是指对 SQL Server 2012 的组成部分和这些组成部分之间关系的描述。SQL Server 2012 系统由 4 个部分组成：数据库引擎、分析服务（Analysis Services）、报表服务（Reporting Services）和集成服务（Integration Services），如图 2 – 1 所示。

> **注意事项**
>
> SQL Server Compact Edition 不是 SQL Server 2012 系统的组成部分，它是一种功能强大的轻型关系数据库引擎，通过支持熟悉的结构化查询语言（SQL）语法，以及提供与 SQL Server 一致的开发模型和 API，使得开发桌面应用程序变得非常容易。

在图 2 – 1 中，可通过选择不同的服务器类型来完成不同的数据库操作。这 4 种服务器类型之间的关系如图 2 – 2 和图 2 – 3 所示。对服务器类型的说明见表 2 – 1。

图 2 - 1　连接到的服务器的类型

图 2 - 2　SQL Server 2012 系统的体系结构

图 2 - 3　SQL Server 2012 的组成架构

表 2-1　服务器类型

服务器类型	说明
数据库引擎	SQL Server 数据库引擎包括数据库引擎（用于存储、处理和保护数据的核心服务）、复制、全文搜索以及用于管理关系数据和 XML 数据的工具
Analysis Services	Analysis Services 包括用于创建和管理联机分析处理（OLAP）以及数据挖掘应用程序的工具
Reporting Services	Reporting Services 包括用于创建、管理和部署表格报表、矩阵报表、图形报表以及自由格式报表的服务器和客户端组件。Reporting Services 还是一个可用于开发报表应用程序的可扩展平台
Integration Services	Integration Services 是一组图形工具和可编程对象，用于移动、复制和转换数据

下面分别对这 4 种服务器类型进行介绍。

2.2　数据库引擎

数据库引擎是 Microsoft SQL Server 2012 系统的核心服务，是存储和处理关系（表格）类型的数据或 XML 文档数据的服务，负责完成数据的存储、处理和安全管理。例如，创建数据库、创建表、创建视图、查询数据、访问数据库等操作，都是由数据库引擎完成的。

> **注意事项**
>
> 在通常情况下，使用数据库系统实际上就是在使用数据库引擎。数据库引擎是一个复杂的系统，它本身包含了许多功能组件，例如复制、全文搜索等。那么，在数据库中，业务数据存储在什么地方？数据库对象存储在哪里？对于业务数据而言，什么样的存储方式是合理的？如果数据量剧增之后，数据库能否适应这些变化？对于这些问题，本书将在后续的内容中一一解答。

2.2.1　逻辑数据库和物理数据库

数据库通常划分为用户视图（逻辑数据库）和物理视图（物理数据库）。用户视图（逻辑数据库）是用户看到和操作的数据；物理视图（物理数据库）是数据库在磁盘上的文件存储。

1. 逻辑数据库

逻辑数据库是数据库管理系统（Database Management System，DBMS）对数据库中信息的封装，是 DBMS 提供给用户或数据库应用程序的统一访问接口。

逻辑数据库是一个存放数据的表和支持这些数据的存储、检索、安全性和完整性的逻辑成分所组成的集合。组成逻辑数据库的逻辑成分称为数据库对象。

常见的数据库对象见表 2-2。

表 2 - 2   常见的数据库对象

数据库对象	说明
表	由行和列构成的集合，用来存储数据
数据类型	定义列或变量的数据类型，SQL Server 提供了系统数据类型，并允许用户自定义数据类型
视图	由表或其他视图导出的虚拟表
索引	为数据快速检索提供支持且可以保证数据唯一性的辅助数据结构
约束	用于为表中的列定义完整性的规则
默认值	为列提供的缺省值
存储过程	存放于服务器的预先编译好的一组 T - SQL 语句
触发器	特殊的存储过程，当用户表中的数据改变时，该存储过程被自动执行

每个数据库对象都有名称，用户可以给出两种对象名：完全限定名和部分限定名。完全限定名是对象的全名，而且每个对象都必须有一个唯一的完全限定名：

服务器名. 数据库名. 数据库架构名. 对象名

根据系统的当前工作环境可以省略全名的前 3 个部分，这是部分限定名。对象名是逻辑名，最长为 30 个字符，不区分大、小写。

以下是一些正确的对象部分限定名：

```
server.database..object        /* 省略所有者名* /
server..owner.object           /* 省略数据库名* /
database.owner.object          /* 省略服务器名* /
server…object                  /* 省略所有者名和数据库名* /
owner.object                   /* 省略服务器名和数据库名* /
object                         /* 省略服务器名、数据库名和所有者
名* /
```

2. 物理数据库

物理视图（物理数据库）是数据库在磁盘上的文件存储。

物理数据库是从数据库管理员的观点出发的，即数据库是存储逻辑数据库的各种对象的实体。它包括文件及文件组，还有页和盘区，主要涉及 SQL Server 为数据库分配空间的方式。

了解数据库的物理实现有助于规划和分配数据库的磁盘容量。

在 SQL Server 2012 中，数据存储的基本单位是页，页的大小是 8 KB，即 SQL Server 2012 数据库中每兆字节有 128 页。

视图与物理视图的关系如图 2 - 4 所示。

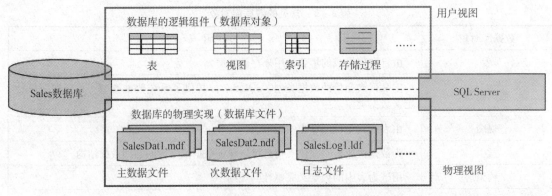

图 2-4　用户视图与物理视图的关系

2.2.2　文件

文件是 SQL Server 系统的一个重要部分。SQL Server 是用一组系统文件来存储数据库的各种逻辑成分的，包括主数据文件、辅助数据文件（次数据文件）和事务日志文件，如图 2-5 所示。

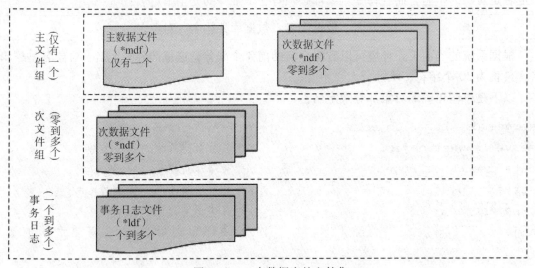

图 2-5　一个数据库的文件集

创建一个数据库后，该数据库中至少包括一个主数据文件和一个事务日志文件。这些文件不是用户使用的，而是由系统使用的。

一个数据库也可以有多个数据文件和多个事务日志文件。数据文件用于存放数据库的数据和各种对象，而事务日志文件用于存放事务日志。

注意事项

一个数据库最多可以拥有 32 767 个数据文件和 32 767 个事务日志文件。

1. 主数据文件

每个数据库都必须包括且仅包括一个主数据文件，其默认扩展名为 ".mdf"。主数据文件是数据库中的关键文件，包含数据库的启动信息，并且存储数据。

2. 辅助数据文件（次数据文件）

辅助数据文件用于存储未包括在主数据文件内的其他数据，其默认扩展名为".ndf"。

辅助数据文件是可选的。如果数据库较小，就可以不用辅助数据文件；如果数据库较大，根据需要可以创建多个辅助数据文件。

采用多个数据文件来存储数据使数据文件可以不断扩充而不受操作系统文件大小的限制，将数据文件存储在不同的硬盘使 DBMS 可以同时对几个硬盘进行数据存取，这提高了数据处理效率。

> **注意事项**
> 在 FAT32（Windows）格式的文件系统下，单个文件最大只能是 2GB。

3. 事务日志文件

事务日志文件用于保存恢复数据库所需的事务日志信息。每个数据库至少有一个事务日志文件。事务日志文件的扩展名为".ldf"。

事务日志文件包含一系列数据库更新信息的记录，不属于任何文件组，也不以页为存储单位。

2.2.3　文件组

文件组是为了管理和分配数据而将文件组织在一起，通常可以为一个磁盘驱动器创建一个文件组，然后将特定的表、索引等与该文件组相关联，对这些表的存储、查询和修改等操作都在该文件组中进行。

文件组包括主文件组和用户定义文件组。

主文件组中包含主数据文件和任何没有明确指派给其他文件组的文件。

用户定义文件组是使用 CREATE DATABASE 语句和 ALTER DATABASE 语句创建或修改数据库时指定的文件组。

> **注意事项**
> 每个数据库中都有一个文件组作为默认文件组运行。
> 如果没有指定默认文件组，则主文件组是默认文件组。
> 若不指定用户定义文件组，则所有数据文件都包含在主文件组中。
> 只有数据文件才能作为文件组的成员，事务日志文件不能作为文件组的成员。
> 设计文件和文件组时，一个文件只能属于一个文件组。

2.2.4　数据库大小估算

通过理解数据库的空间管理，可以估算数据库的设计尺寸。数据库的大小等于数据库中表的大小、索引的大小以及其他占据物理空间的数据库对象的大小之和。

假设某个数据库中只有一个表，该表的数据行大小是 800 字节。

这时，一个数据页上最多只能存放 10 行数据。如果该表大约有 100 万行数据，那么该表将占用 10 万个数据页的空间。因此，该数据库的大小估计为：100 000 × 8KB = 800 000KB = 781. 25MB。

根据数据库大小的估计值，再考虑其他因素，就可以得到数据库的设计值。

2. 3　Analysis Services

Analysis Services 的主要作用是通过服务器和客户端技术的组合，提供联机分析处理和数据挖掘功能。相对联机分析处理来说，联机事务处理是由数据库引擎负责完成的。

通过使用 Analysis Services，用户可以进行如下操作：

（1）设计、创建和管理包含来自其他数据源的多维结构，通过对多维数据进行多角度的分析，可以使管理人员对业务数据有更全面的理解。

（2）完成数据挖掘模型的构造和应用，实现知识的发现、表示和管理。

Analysis Services 的服务器组件作为 Windows 服务来实现。Analysis Services 支持同一台计算机中的多个实例，每个 Analysis Services 实例作为单独的 Windows 服务实例来实现。

客户端使用 XMLA（XML for Analysis）协议与 Analysis Services 进行通信，作为一项 Web 服务，XMLA 是基于简单对象访问协议（Simple Object Access Protocol，SOAP）的协议，用于发出命令和接收响应。用户还可以通过 XMLA 提供客户端对象模型，可以使用托管提供程序（例如 ADOMD. NET）或本机 OLE DB 访问接口来访问该模型。

可以使用以下语言发出查询命令：

（1）SQL。

（2）多维表达式（一种用于分析的行业标准查询语言）。

（3）数据挖掘扩展插件（一种面向数据挖掘的行业标准查询语言）。

（4）Analysis Services 脚本语言。

注意事项

Analysis Services 还支持本地多维数据集引擎，该引擎使断开连接的客户端上的应用程序能够在本地浏览已存储的多维数据。

2. 4　Reporting Services

Reporting Services 中包含如下内容：

（1）用于创建和发布报表及报表模型的图形工具和向导。

（2）用于管理 Reporting Services 的报表服务器管理工具。

（3）用于对 Reporting Services 对象模型进行编程和扩展的应用程序编程接口（API）。

Reporting Services 是一种基于服务器的解决方案，用于生成从多种关系数据源和多维数据源提取内容的企业报表、发布能以各种格式查看的报表，以及集中管理安全性和订阅。其创建的报表可以通过基于 Web 的连接进行查看，也可以作为 Windows 应用程序的一部分进行查看。

注意事项

通过使用 SQL Server 2012 系统提供的 Reporting Services，用户可以方便地定义和发布满足自己需求的报表。无论是报表的布局格式，还是报表的数据源，用户都可以借助工具轻松地实现。

2.5　Integration Services

Integration Services 是一个数据集成平台，负责完成有关数据的提取、转换和加载等操作。对于 Analysis Services 来说，数据库引擎是一个重要的数据源，而 Integration Services 是将数据源中的数据经过适当的处理，并加载到 Analysis Services 中以便进行各种分析处理。

SQL Server 2012 系统提供的 Integration Services 包括如下内容：

（1）生成并调试图形工具和向导。

（2）执行如 FTP 操作、SQL 语句执行和电子邮件消息传递等工作流功能的任务。

（3）提取和加载数据的数据源和目标。

（4）清理、聚合、合并和复制数据的转换。

（5）管理服务，即用于管理 Integration Services 包的 Integration Services 服务。

（6）提供对 Integration Services 对象模型编程的应用程序接口（API）。

注意事项

Integration Services 可以高效地处理各种各样的数据源，例如 SQL Server、Oracle、Excel、XML 文档和文本文件等。

2.6　数据库基本操作

2.6.1　SQL Server 2012 的登录

步骤 1：单击"连接"按钮，弹出如图 2-6 所示界面。

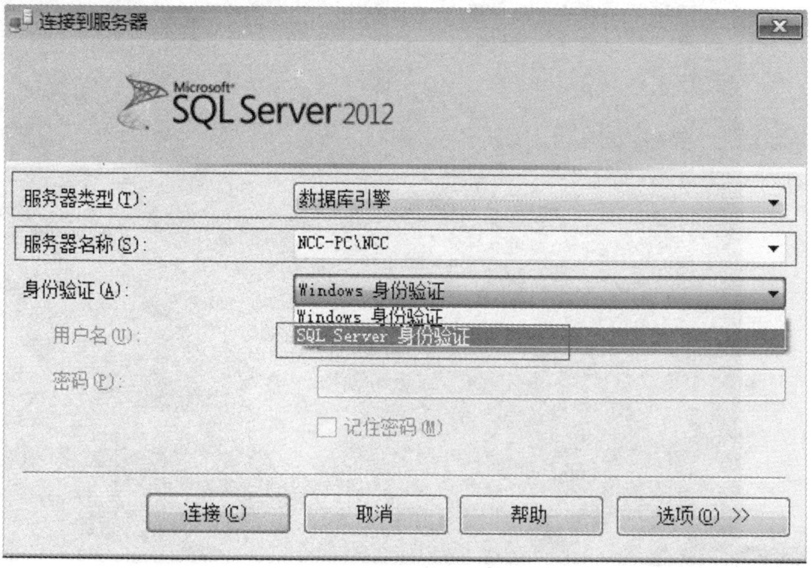

图 2-6　登录说明

"服务器类型"：选择"数据库引擎"；

"服务器名称"：即自己电脑的机器名或者 IP 地址；

"身份验证"：有两种身份验证方式，Windows 身份验证与 SQL Server 身份验证（此次选择 SQL Server 身份验证。）

步骤 2：输入 sa 登录信息，如图 2-7 所示。

图 2-7　以 sa 身份登录

"登录名"：sa（即 system 和 admin 的简写）为数据库系统的默认系统账户，具有最高权限。

步骤 3：单击"连接"按钮，登录成功，如图 2-8 所示。

图 2-8　登录成功

2.6.2　新建数据库

步骤1：连接到数据库服务，打开"数据库"，如图2-9所示。

图2-9　新建数据库

步骤2：选中"数据库"，单击鼠标右键，弹出"新建数据库"菜单，如图2-10所示。

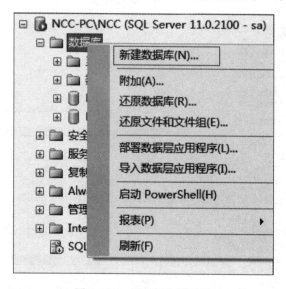

图2-10　用鼠标右键选择

步骤3：输入数据库名称，单击"确定"按钮。其中，后下方是对数据库的初始化设置，如图2-11所示。

步骤4：切换到"选项"页面，如图2-12所示。

备注：兼容级别设置可以方便数据库在旧版本中加载。

步骤5：单击"确定"按钮，创建数据库成功，如图2-13所示。

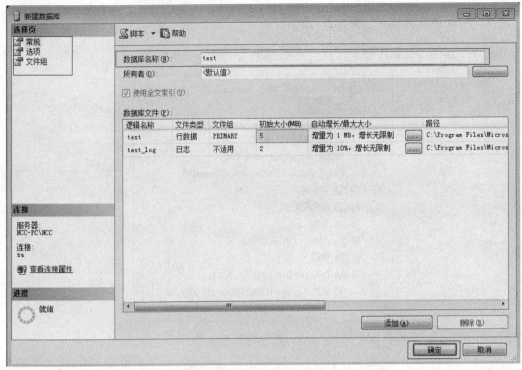

图 2 – 11　输入名称

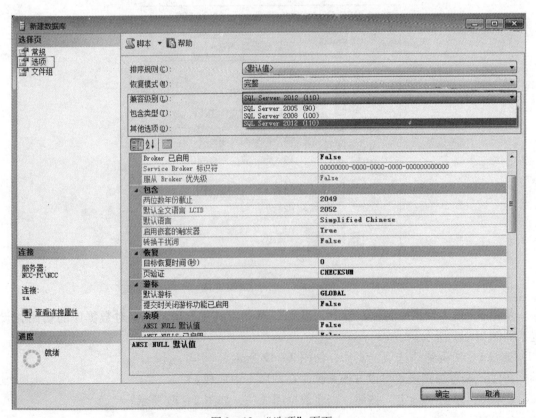

图 2 – 12　"选项"页面

图 2 - 13　创建数据库成功

2.6.3　新建一张表

步骤 1：连接到数据库服务，打开"数据库"，选中"表"，如图 2 - 14 所示。单击鼠标右键，弹出"新建表"菜单，如图 2 - 15 所示。

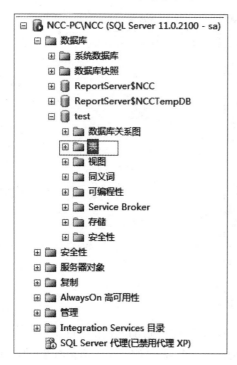

图 2 - 14　选中"表"

图 2 - 15　"新建表"菜单

步骤 2：单击"新建表"，弹出新建界面，如图 2 - 16 所示。

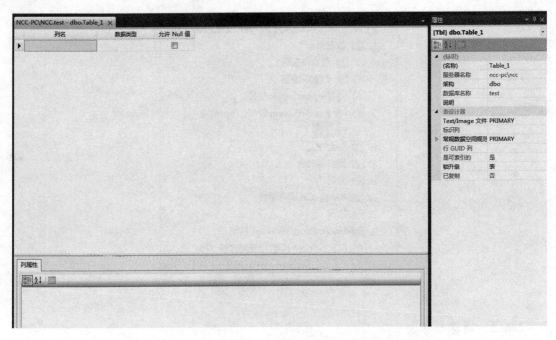

图 2 – 16　新建界面

步骤 3：在弹出的界面中添加列信息，如图 2 – 17 所示。

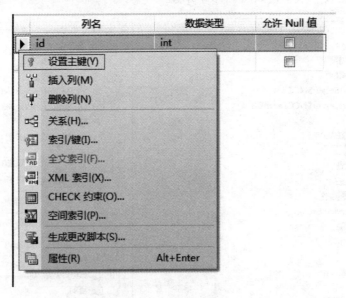

图 2 – 17　添加列信息

"列名"由用户自定义，"数据类型"和"允许 Null 值"根据用户需求自行定义。如果要把此列设为"主键"（Primary Key），可以选中表中的一个或多个字段，用鼠标右键选中"设置主键"，它/它们的值用于唯一地标识表中的某一条记录。主键值不能为空。

主键列的值可以设置为系统自动增长，可在"列属性"的表设计器中，把"标识规范"设置为"是"，"标识增量"为自动增长的步长，"标识种子"用来指定从哪个数字开始增长，如图 2 - 18 所示。列设置示意如图 2 - 19 所示。

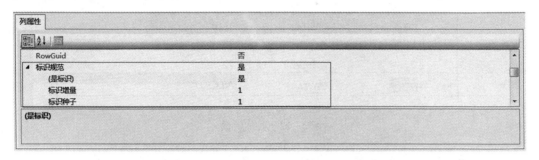

图 2 - 18　列自动增长设置

列名	数据类型	允许 Null 值
id	int	☐
name	nvarchar(20)	☐
age	int	☐
		☐

图 2 - 19　列设置示意

步骤 3：最后保存表并给这张表命名，如图 2 - 20 所示。

步骤 4：给表中添加内容，如图 2 - 21 所示。

图 2 - 20　表命名

图 2 - 21　编辑行

添加数据，如图 2－22 所示。

	id	name	age
	1	reprm	23
	2	admin	22
▸*	NULL	NULL	NULL

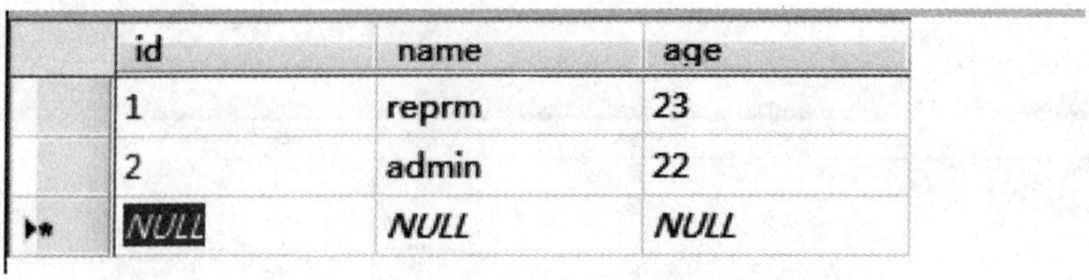

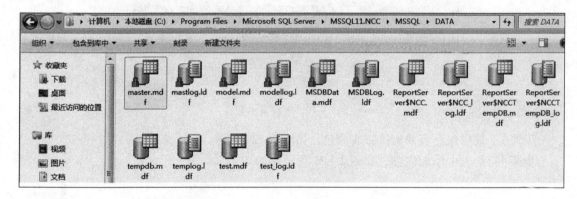

图 2－22　添加数据

2.6.4　移动数据库源文件

步骤 1：打开数据库源文件所在位置，如图 2－23 所示。

图 2－23　数据库源文件所在位置

每个数据库会有两个文件，其中一个后缀名为“. mdf”，是数据文件，另一个后缀名为“. ldf”，为事务日志文件。如果直接进行复制，会出现图 2－24 所示的情况。

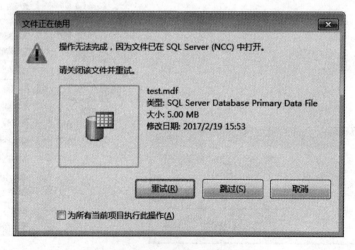

图 2－24　操作失败提示

步骤2：要想移动数据库文件，需先"停止"MSSQLSERVER 服务，如图 2-25 和图 2-26 所示。

图 2-25　停止服务

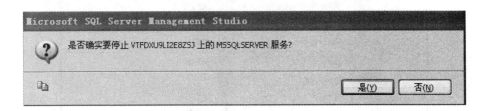

图 2-26　确认停止

另一种停止 MSSQLSERVER 服务的方法，是在"运行"里面输入"services. msc"，如图 2-27 所示。

步骤3：停止 ASSQLSERVER 服务后才可以对数据库文件进行自由移动。

Smart Card	管...		手动	本地服务
SQL Active Directory Helper 服务	支...		已禁用	网络服务
SQL Full-text Filter Daemon Launcher (MSSQLSERVER)	Ser...		已禁用	本地服务
SQL Server (MSSQLSERVER)	提...	已启动	自动	本地系统
SQL Server Analysis Services (MSSQLSERVER)	为...	已启动	自动	本地系统
SQL Server Browser	将...		已禁用	本地服务
SQL Server Integration Services 10.0	为...	已启动	自动	网络服务
SQL Server Reporting Services (MSSQLSERVER)	管...	已启动	自动	本地系统
SQL Server VSS Writer	提...	已启动	自动	本地系统
SQL Server 代理 (MSSQLSERVER)	执...		手动	本地系统
SSDP Discovery Service	启...	已启动	手动	本地服务
System Event Notification	跟...	已启动	自动	本地系统
System Restore Service	执...		已禁用	本地系统

图 2 – 27　停止服务

2.6.5　给数据库、表、存储过程等生成 SQL 脚本

步骤 1：在新建的数据库上面单击鼠标右键，选择"任务"|"生成脚本"，如图 2 – 28 和图 2 – 29 所示。

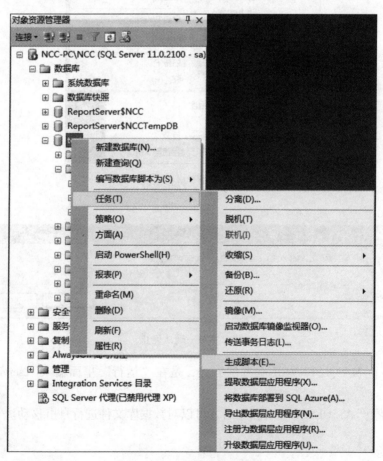

图 2 – 28　点击生成脚本

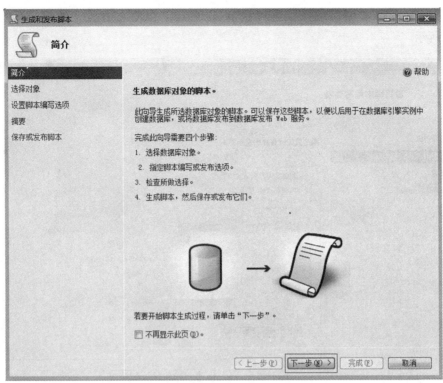

图 2 – 29　简介

步骤 2：选择对象，可以选择具体的表对象，如图 2 – 30 所示。

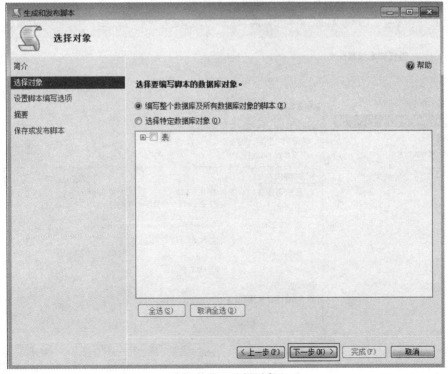

图 2 – 30　选择对象

步骤3：设置脚本编写选项，可以选择多种保存和发布方式，然后进行发布，如图2-31所示。

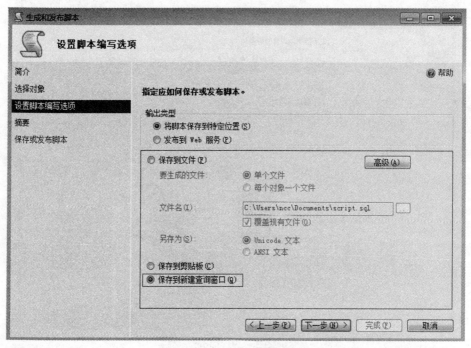

图2-31 设置脚本编写选项

选项中具体的设置根据自己的需求确定，如图2-32~图2-34所示。

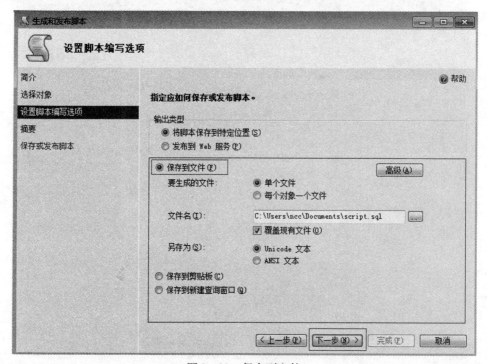

图2-32 保存到文件

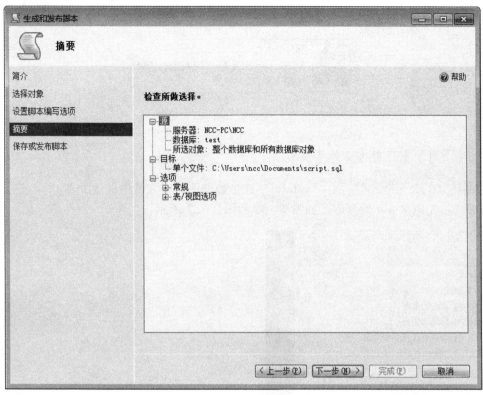

图 2－33　摘要

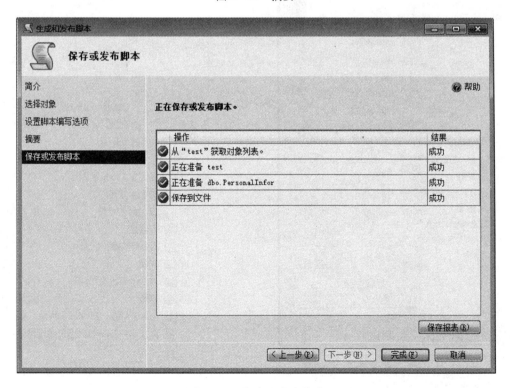

图 2－34　保存和发布脚本

最后生成一个后缀名为".sql"的文件,如图2-35所示。

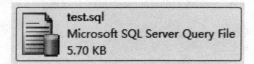

图2-35 生成的"test.sql"文件

2.6.6 用数据库脚本文件生成表

把刚建立的表删除,然后用"test.sql"这个数据库脚本文件生成这个表。

步骤1:先删除test数据库,如图2-36和图2-37所示。

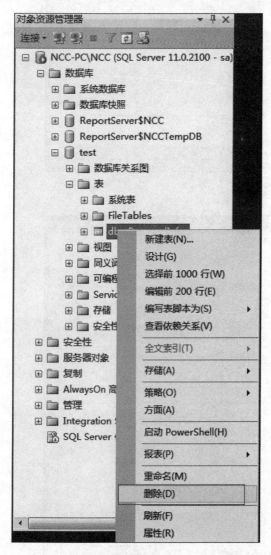

图2-36 删除表

图2-37 删除后

步骤 2：找到之前备份的"test.sql"脚本文件，如图 2 – 38 所示。

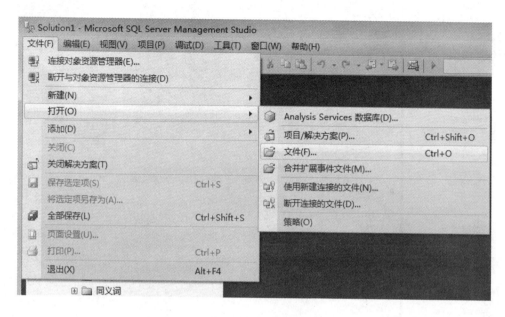

图 2 – 38　找到脚本文件

步骤 3：选择要执行的数据库，如图 2 – 39 所示。

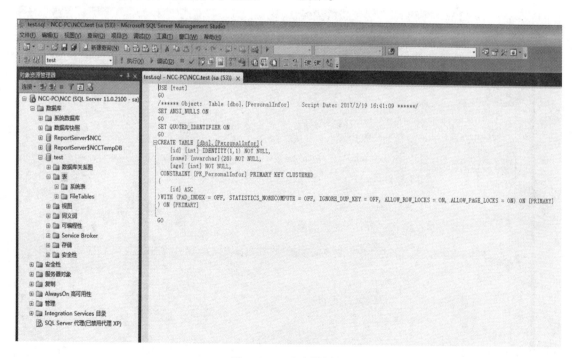

图 2 – 39　选中数据库

步骤 4：检查后执行脚本文件，如图 2 – 40 和图 2 – 41 所示。
步骤 5：用鼠标右键单击表，点击"刷新"，如图 2 – 42 和图 2 – 43 所示。

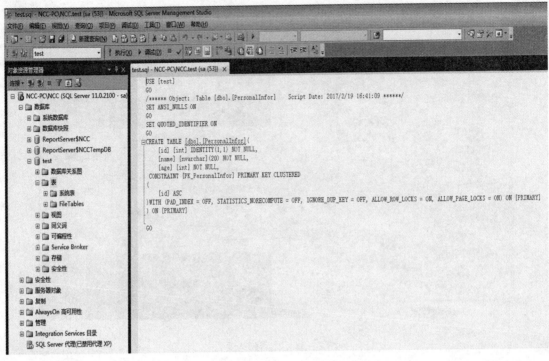

图 2 – 40　执行脚本文件

图 2 – 41　执行成功

图 2－42 刷新表

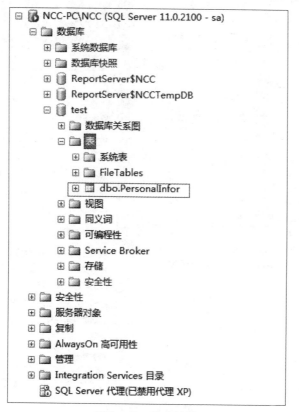

图 2－43 建表结果

注意：上述步骤恢复的只是表结构，表中无内容，如图 2－44 所示。

	id	name	age
＊	*NULL*	*NULL*	*NULL*

图 2－44　只有表结构，但无数据

2.6.7　把数据库中的内容导入 Excel 表

步骤 1：先在桌面上建立一个 Excel 表，如图 2－45 所示。

步骤 2：选中表，单击鼠标右键，选择"任务"|"导出数据"，如图 2－46 所示。

图 2－45　新建 Excel 表

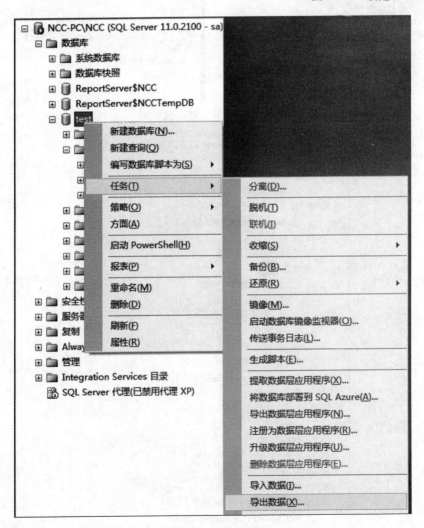

图 2－46　导出数据

步骤3：选择数据源，如图2-47所示。

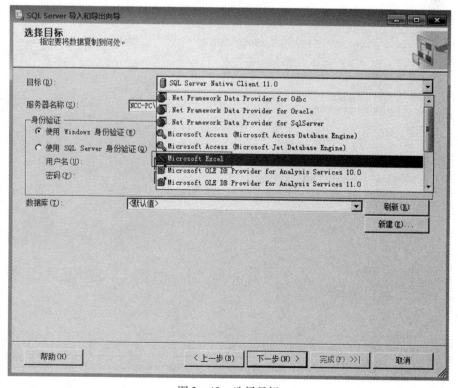

图2-47 选择数据源

步骤4：选择目标和 Excel 连接路径，如图2-48和图2-49所示。

图2-48 选择目标

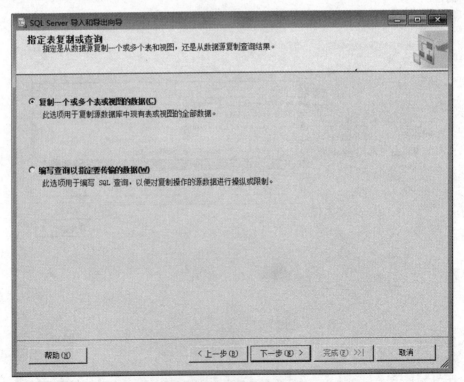

图 2 – 49　选择 Excel 连接路径

步骤 5：指定表复制或查询，如图 2 – 50 所示。

图 2 – 50　指定表复制或查询

步骤 6：选择源表和源视图，如图 2 – 51 所示。

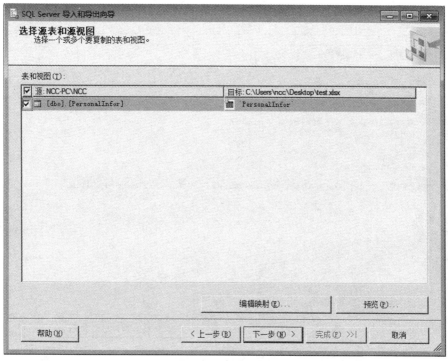

图 2 – 51　选择源表和源视图

步骤 7：保存并运行包，完成执行过程，如图 2 – 52 ~ 图 2 – 54 所示。

图 2 – 52　保存并运行包

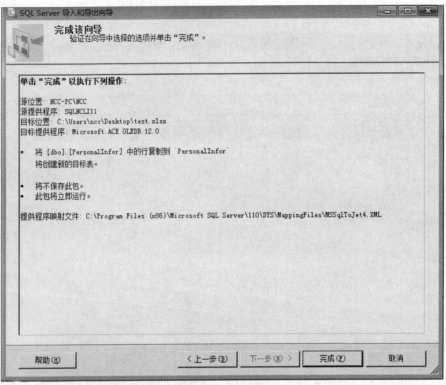

图 2-53 完成向导

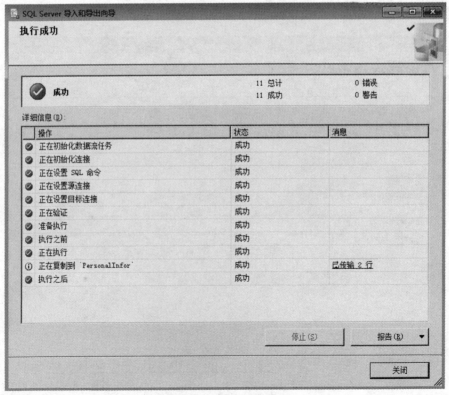

图 2-54 执行成功

步骤 8：导出成功，打开桌面上的 Excel 表，如图 2 – 55 所示。

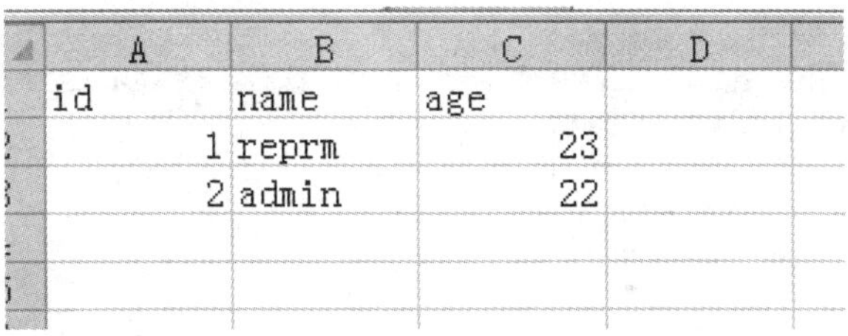

	A	B	C	D
	id	name	age	
	1	reprm	23	
	2	admin	22	

图 2 – 55　打开 Excel 表

备注：如果要把 Excel 表中的数据导入到数据库中，操作步骤相反。限于篇幅，在此省略。

2.6.8　数据库的备份

步骤 1：选中数据库，单击鼠标右键，选择"任务"|"备份"，如图 2 – 56 所示。

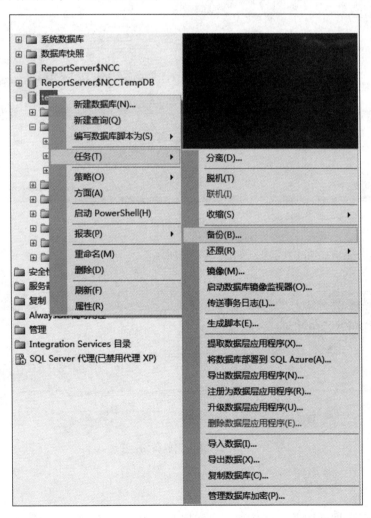

图 2 – 56　备份

步骤 2：打开备份选项，进行备份设置，如图 2 – 57 所示。

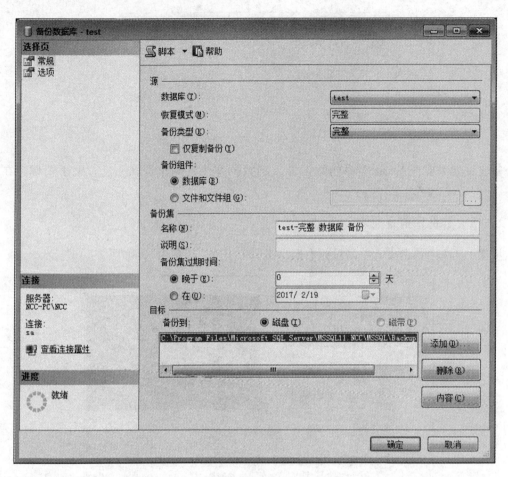

图 2 – 57　备份设置

步骤 3：点击完成，备份成功，如图 2 – 58 所示。

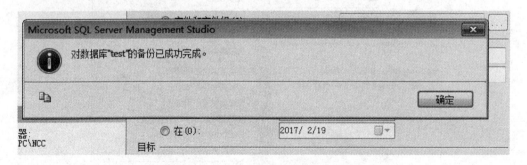

图 2 – 58　完成备份

2.6.9　数据库的还原

步骤 1：连接数据库服务，新建立一个数据库，如图 2 – 59 所示。

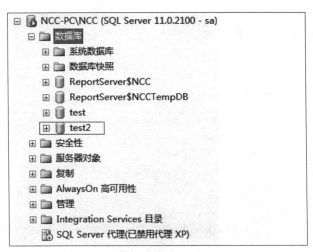

图 2-59 新建一个数据库

步骤 2：选中新建的数据库，单击鼠标右键，选择"任务"丨"还原"丨"数据库"，如图 2-60 所示。

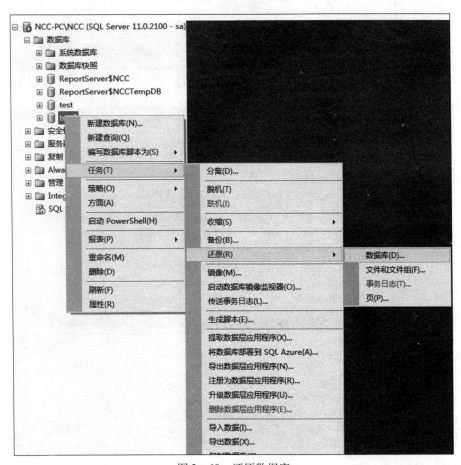

图 2-60 还原数据库

步骤 3：配置还原数据库选项，如图 2-61 和图 2-62 所示。

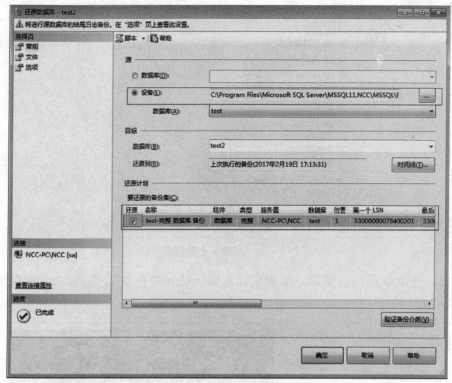

图 2-61　选择要恢复的备份

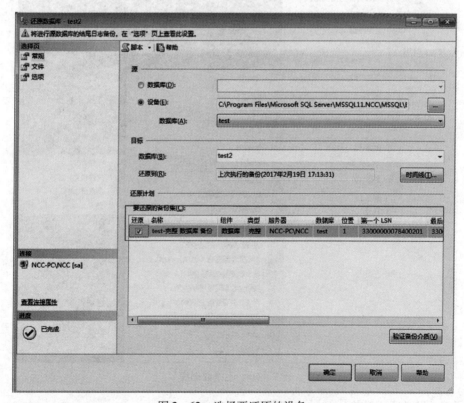

图 2-62　选择要还原的设备

步骤4：单击"确定"按钮，确认还原，但是会出现图2-63所示的问题。

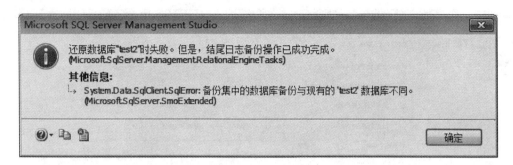

图2-63 还原失败

解决方法如下，单击"选项"，打开页签，选中"覆盖现有数据库"，如图2-64所示。

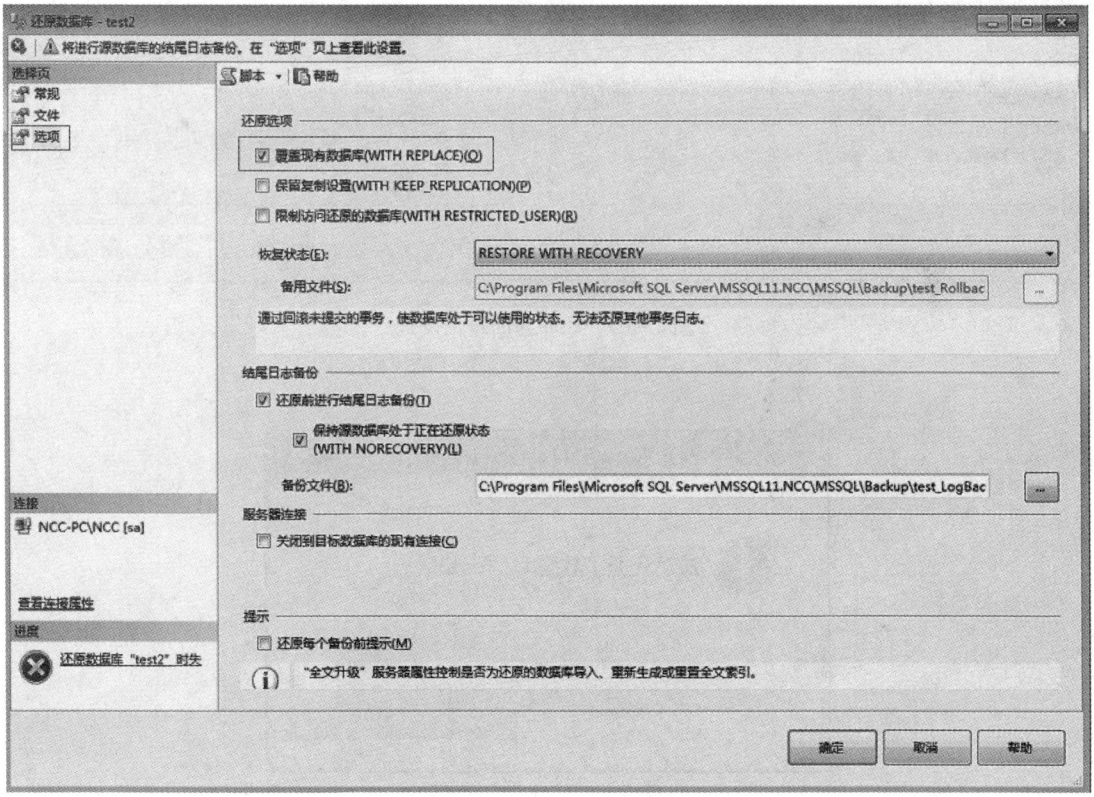

![还原数据库 - test2 对话框截图]

图2-64 "选项"页签

设置还原文件所在的路径，单击"确定"按钮后，还原成功，可以查看还原结果，如图2-65~图2-67所示。

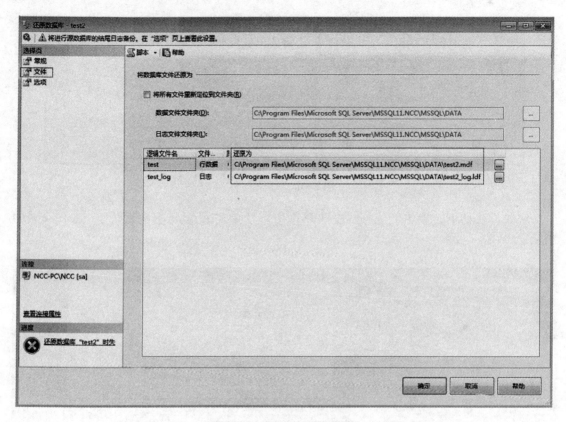

图 2-65　还原为的路径设置

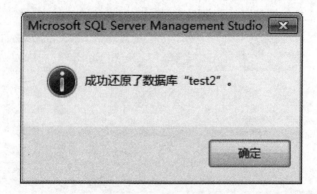

图 2-66　还原成功

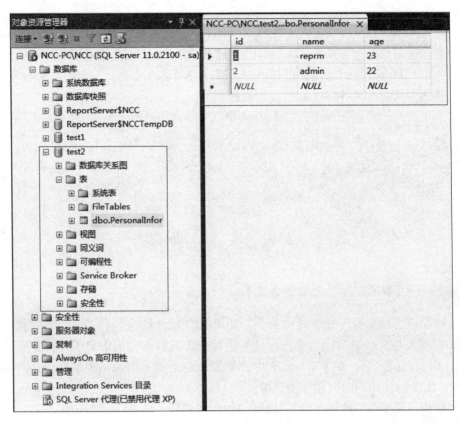

图 2 – 67　查看还原结果

2.7　身份验证模式

数据库用户要访问数据库，首先需要登录到数据库服务器。在登录过程中需要进行身份验证。SQLServer 数据库管理系统提供了两种类型的身份验证模式：Windows 身份验证模式（Windows authentication mode）和混合模式（mixed mode）。

2.7.1　Windows 身份验证模式

当用户通过 Windows 账户连接时，SQL Server 使用操作系统中的 Windows 主体标记验证账户名和密码，即用户的身份由 Windows 进行确认。Windows 身份验证模式是数据库的默认身份验证模式。在登录 SQL Server 数据库时不需要提供密码，也不执行身份验证，就可以直接登录。Windows 身份验证是默认身份验证模式，并且比 SQL Server 身份验证更为安全。Windows 身份验证使用 Kerberos 安全协议，提供有关强密码复杂性验证的密码强制策略，还提供账户锁定支持，并且支持密码过期。通过 Windows 身份验证完成的连接有时也称为可信连接，这是因为 SQL Server 信任由 Windows 提供的凭据。

2.7.2　混合模式

如果将 SQL Server 验证模式设置为混合模式，这意味着既可以使用 Windows 身份验证

（如前面所述），也可以使用 SQL Server 身份验证。

当使用 SQL Server 身份验证时，在 SQL Server 中创建的登录名并不基于 Windows 用户账户。用户名和密码均通过 SQL Server 创建并存储在 SQL Server 中。通过 SQL Server 身份验证进行连接的用户每次连接时必须提供其用户凭据（登录名和密码）。当使用 SQL Server 身份验证时，必须为所有 SQL Server 账户设置强密码。

> **提示**
>
> Windows 身份验证模式会启用 Windows 身份验证并禁用 SQL Server 身份验证。
>
> 混合模式会同时启用 Windows 身份验证和 SQL Server 身份验证。Windows 身份验证始终可用，并且无法禁用。

2.8 实　训

实训 2 – 1　【Windows 身份验证模式】

（1）确保以管理员身份登录到机器上。如果是本地计算机，有可能当前的登录名就是管理员 ID；如果是网络中的计算机，并且不能确定访问权限，请求助于计算机管理人员帮助解决 ID 和密码的问题。在 Windows 7 中，如果想避免每一步都出现一个对话框来确认是否要继续，需要修改用户账户控制的设置。

（2）单击“开始”|“控制面板”，选择“用户账户”。

（3）当出现用户和密码对话框时，在 Windows 7 上单击“创建一个新账户”，在 Windows 上单击“管理其他账户”，随后再单击“创建一个新账户”。

（4）如图 2 – 68 所示，当出现“命名账户并选择账户类型”对话框时，输入用户名“DerisWeng”。

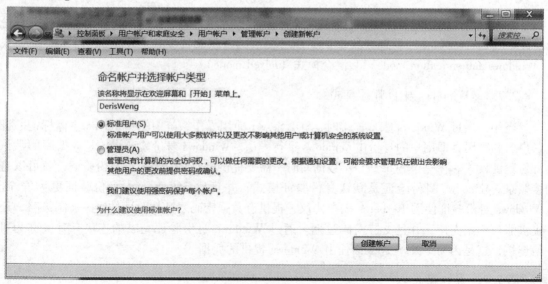

图 2 – 68　创建新的用户账户

（5）Windows7 指定的账户类型是"标准用户"。这意味着该账户没有管理员权限。然后单击"创建账户"按钮。

（6）因为要添加第二个用户名，故停留在"用户账户"对话框中。重复前述步骤，并使用如下资料：

用户名：DerisWeng2；

账户类型：计算机管理员。

（7）从 Windows 中注销，然后用刚才创建的第一个 ID（DerisWeng）登录。

（8）登录后，选择"开始" | "所有程序" | "Microsoft SQL Server 2012" | "SQL Server Management Studio"，启动 SSMS。需要在对话框中输入安装的服务器名称。在"服务器名称"下拉列表中单击"浏览更多"，然后选择"数据库引擎"，再选择安装的服务器名称，如图 2 - 69 所示。

图 2 - 69　连接选项

（9）查看出现的错误信息，如图 2 - 70 所示。JThakur 作为一个登录名没有在 SQL Server 中明确定义，并且也不属于允许访问的组。当前唯一的组是在 Windows 的 Administrators 组中的一个用户。DerisWeng 是受限用户。

图 2 - 70　登录到服务器失败

（10）接下来测试刚才创建的另一个用户。关闭 SQL Server，从 Windows 中注销，使用创建的第二个 ID（DerisWeng2）登录。登录 Windows 以后，启动 SSMS 并连接到服务器上。这一次可以成功登录。

前面创建的两个用户名，一个具有受限的访问权限（DerisWeng），另一个具有管理权限（DerisWeng2）。无论怎样，这两个用户名都不存在于 SQL Server 中。那么，何以一个能成功登录而另一个失败呢？

图 2 – 71　SQL Server 的对象资源管理器

Windows 安全模式确保了两个 ID 都是有效的。如果 ID 或密码不正确，根本就不能登录到 Windows。因此，当试图连接到 SQL Server 时，唯一进行的检查是：用户是以操作系统的组成员身份访问 SQL Server 的，还是通过特定的登录用户账户访问的。正如图 2 – 71 所示，DerisWeng 和 DerisWeng2 都不存在于 SQL Server 中。

但是，在 SQL Server 的对象资源管理器中，可以看到一个名为 BUILTIN \ Administrators 的 Windows 组。这意味着任何属于 Administrators 组的用户名都能够登录到 SQL Server 上。

在生产环境中，如果允许用户成为管理员，则将该组从系统中移除或许是可取的。由于 DerisWeng2 是 Administrators 组的成员，因而该用户名也是 BUILTIN \ Administrators 组的成员。

实训 2 – 2　【SQL Server 数据库体系结构】

掌握 SQL Server 2012 数据库的各种基本操作，完成如下 8 项功能：

（1）启用 SQL Server 混合身份验证方式。

（2）新建数据库（可视化操作）。

创建用于企业管理的员工管理数据库，名称是 Employee。

（3）新建 3 张表（可视化操作）。

Employee 数据库包括 3 张表，分别包含员工的信息、部门编号，以及员工的薪水信息。表的结构如图 2 – 72 ~ 图 2 – 74 所示。

列名	数据类型	长度	允许空
employeeid	char	6	
name	char	10	
birthday	datetime	8	
sex	bit	1	
address	char	20	✓
zip	char	6	✓
phonenumber	char	12	✓
emailaddress	char	30	✓
departmentid	char	3	

图 2 – 72　Employees：员工信息表

列名	数据类型	长度	允许空
departmentid	char	3	
departmentname	char	20	
note	text	16	✔

图 2-73 Departments：部门信息表

列名	数据类型	长度	允许空
employeeid	char	6	
income	float	8	
outcome	float	8	

图 2-74 Salary：员工薪水情况表

（4）移动数据库源文件。

（5）给数据库、表、存储过程等生成 SQL 脚本。

（6）用数据库脚本文件生成表。

（7）把数据库中的内容导入 Excel 表。

（8）进行数据库的备份与还原。

2.9 习　题

一、填空题

1. _____是 SQL Server 2012 系统的核心服务。

2. 在 SQL Server 2012 中，主数据文件的后缀是_____，事务日志数据文件的后缀是_____。

3. 每个文件组可以有____个事务日志文件。

4. 请回答下列问题：

创建名称为 testdb 的数据库，数据库中包含一个数据文件，逻辑文件名为（　　），磁盘文件名为（　　），文件初始容量为（　　）MB，最大容量为（　　）MB，文件容量递增值为（　　）MB；事务日志文件的逻辑文件名为（　　），磁盘文件名为（　　），文件初始容量为（　　）MB，最大容量为（　　）MB，文件容量递增值为（　　）MB。

5. 数据库大小估算

假设某个数据库中只有一个表，该表的数据行大小是 200 字节。这时，一个数据页上最多只能存放（　　）行数据。如果该表大约有 2 万行数据，那么该表将占用（　　）个数据页的空间。因此，该数据库的大小估计为：（　　）。

二、操作题

1. 完成下列可视化操作：

对 testdb 数据库进行修改：添加一个数据文件，逻辑文件名为"testdb2_data"，磁盘文件名为"testdb2_data. ndf"，文件初始容量为 1MB，最大容量为 5MB，文件容量递增值为 1MB。

2. 数据文件的管理

创建名称为"company"的数据库，数据库中包含一个数据文件，逻辑文件名为"company_data"，磁盘文件名为"company_data. mdf"，文件初始容量为 5MB，最大容量为 15MB，文件容量递增值为 1MB；事务日志文件的逻辑文件名为"company_log"，磁盘文件名为"company_log. ldf"，文件初始容量为 5MB，最大容量为 10MB，文件容量递增值为 1MB。

对该数据库进行修改：添加一个数据文件，逻辑文件名为"company2_data"，磁盘文件名为"company2_data. ndf"，文件初始容量为 1MB，最大容量为 5MB，文件容量递增值为 1MB；将事务日志文件"company_log"的最大容量增加为 15MB，将文件容量递增值增加为 2M。

第三章

SQL Server 管理工具

本章学习目标

本章介绍 SQL Server 2012 数据库的管理工具 SQL Server Management Studio（SSMS），包括 SSMS 的各个组成部分、SQL Server 配置管理器的构成，以及 SQL Server 数据库关系图工具等。通过对本章的学习，读者应能够利用配置管理器管理 SQL Server 实例，掌握 SQL Server 数据库关系图工具的使用。

学习要点

☑ SSMS 集成环境的基本构成；

☑ SQL Server 配置管理器；

☑ SQL Server 数据库关系图工具。

3.1 SQL Server Management Studio

SQL Server Management Studio（图 3 – 1）是一种集成环境，用于访问、配置、控制、管

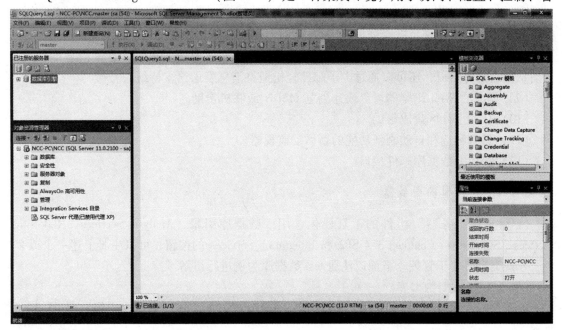

图 3 – 1 SQL Server Management Studio

理和开发 SQL Server 的所有组件。SQL Server Management Studio 组合了大量图形工具和丰富的脚本编辑器，使各种技术水平的开发人员和管理员都能访问 SQL Server。SQL Server Management Studio 将早期版本的 SQL Server 中所包含的企业管理器、查询分析器和 Analysis Manager 功能整合到单一的环境中。此外，SQL Server Management Studio 还可以和 SQL Server 的所有组件协同工作，例如 Reporting Services、Integration Services 和 SQL Server Compact 3.4 SP1。

SQL Server Management Studio 是由多个管理和开发工具组成的：

（1）"已注册的服务器"窗口；

（2）"对象资源管理器"窗口；

（3）"查询编辑器"窗口；

（4）"模板资源管理器"窗口；

（5）"解决方案资源管理器"窗口。

SQL Server Management Studio 包括以下常用功能：

（1）支持 SQL Server 的多数管理任务。

（2）用于 SQL Server 数据库引擎管理和创作的单一集成环境。

（3）用于管理 SQL Server 数据库引擎、Analysis Services 和 Reporting Services 中的对象的对话框，使用这些对话框可以立即执行操作、将操作发送到代码编辑器或将其编写为脚本供以后执行。

（4）非模式以及大小可调的对话框，允许在打开某一对话框的情况下访问多个工具。

（5）常用的计划对话框，可以在以后执行管理对话框的操作。

（6）在 Management Studio 环境之间导出或导入 SQL Server Management Studio 服务器注册。

（7）保存或打印由 SQL Server Profiler 生成的 XML 显示计划或死锁文件，以后进行查看，或将其发送给管理员进行分析。

（8）新的错误和信息性消息框提供了详细信息，可向 Microsoft 发送有关消息的注释、将消息复制到剪贴板，还可以通过电子邮件轻松地将消息发送给支持组。

（9）集成的 Web 浏览器可以快速浏览 MSDN 或联机帮助。

（10）从网上社区集成帮助。

（11）具有筛选和自动刷新功能的新活动监视器。

（12）集成的数据库邮件接口。

3.1.1 已注册的服务器

"已注册的服务器"组件的工具栏包含用于数据库引擎、Analysis Services、Reporting Services、SQL Server Compact 3.4 SP2 和 Integration Services 的按钮。可以注册上述一个或多个服务器类型以便于管理。下面以注册 test 数据库为例进行讲解。

【例 3.1】注册数据库。

步骤 1：在"已注册的服务器"工具栏中，如有必要，可单击"数据库引擎"，如图 3-2 所示。

步骤 2：展开"数据库引擎"，如图 3-3 所示。

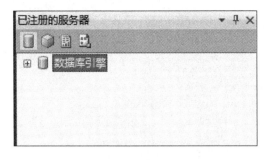

图 3-2　"已注册的服务器"工具栏

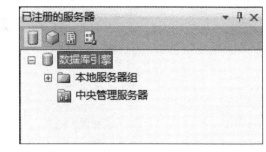

图 3-3　展开"数据库引擎"

步骤 3：用鼠标右键单击"本地服务器组"，然后单击"新建服务器注册"，如图 3-4 所示。

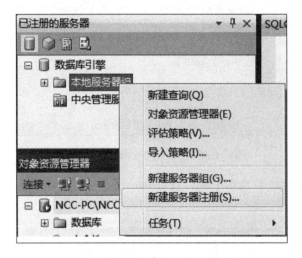

图 3-4　新建服务器注册

步骤 4：在"新建服务器注册"对话框中的"服务器名称"文本框中，键入 SQL Server 实例的名称，如图 3-5 所示。

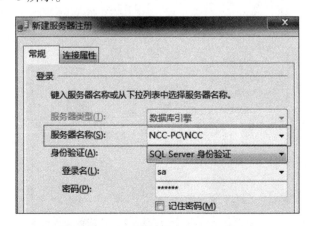

图 3-5　"新建服务器注册"对话框

步骤 5：在"已注册的服务器名称"文本框中，键入"test"，如图 3-6 所示。

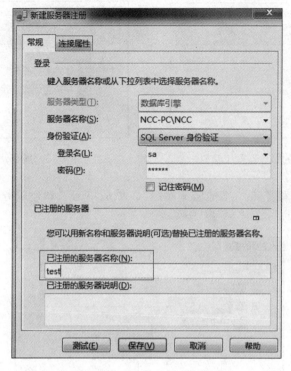

图 3-6　键入"test"

步骤 6：在"连接属性"选项卡的"连接到数据库"列表中，选择"浏览服务器"，如图 3-7 所示。

图 3-7　选择"浏览服务器"

步骤 7：在"查找数据库"对话框中，单击"是"按钮，如图 3 - 8 所示。

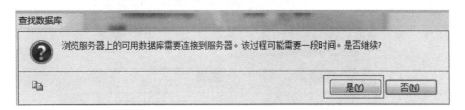

图 3 - 8　"查找数据库"对话框

步骤 8：在"查找服务器上的数据库"对话框中，选择一个数据库，如"master"，然后单击"确定"按钮，如图 3 - 9 所示。

图 3 - 9　"查找服务器上的数据库"对话框

步骤 9：在"新建服务器注册"对话框中，单击"连接属性"选项卡，单击"保存"按钮，如图 3 - 10 所示。

3.1.2　对象资源管理器

与已注册的服务器类似，对象资源管理器也可以连接到数据库引擎、Analysis Services、Integration Services、Reporting Services 和 SQL Server Compact 3.4 SP2。利用对象资源管理器，可以管理 SQL Server 安全性、SQL Server 代理、复制和数据库邮件。对象资源管理器只能管理 Analysis Services、Reporting Services 和 SSIS 的部分功能。上述每个组件都有其他专用工具。下面讲解与对象资源管理器连接的步骤。

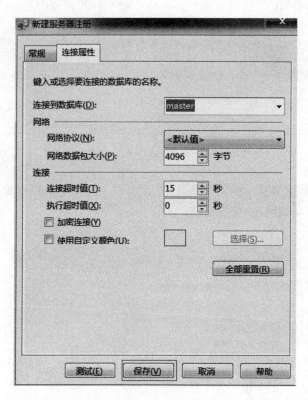

图 3 – 10 "连接属性"

【例 3. 2】 与对象资源管理器连接。

步骤 1：在"对象资源管理器"工具栏中，单击"连接"显示可用连接类型列表，再选择"数据库引擎"，如图 3 – 11 所示。

图 3 – 11 可用连接类型列表

步骤 2：在"连接到服务器"对话框中的"服务器名称"文本框中，键入 SQL Server 实例的名称，如图 3 – 12 所示。

步骤 3：单击"选项"按钮，然后浏览各选项，如图 3 – 13 所示。

图 3 – 12　键入 SQL Server 实例名称

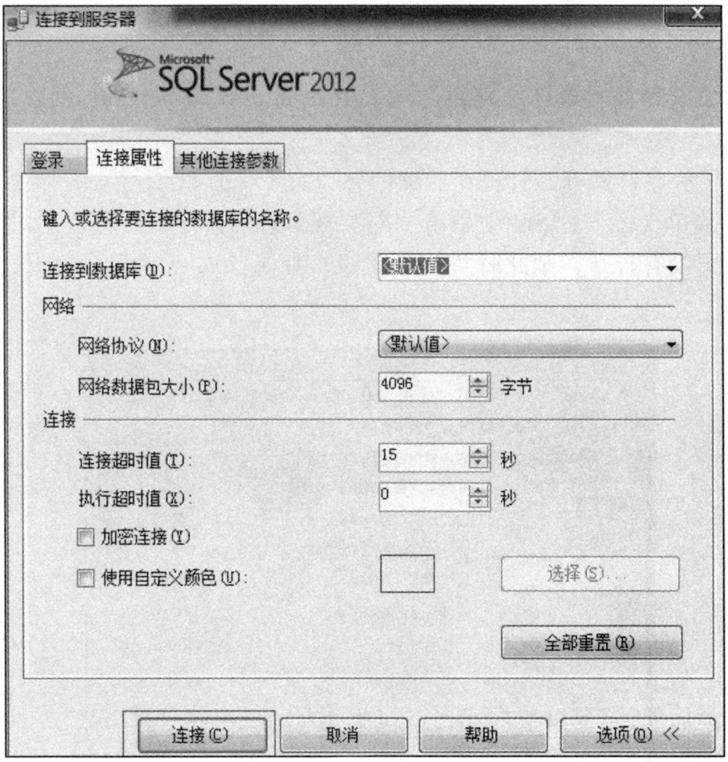

图 3 – 13　浏览各选项

步骤 4：若要连接到服务器，请单击"连接"按钮。如果已经连接，则将直接返回对象资源管理器，并将该服务器设置为焦点，如图 3 – 14 所示。

请注意，SQL Server Management Studio 将系统数据库放在一个单独的文件夹中。

SQL Server Management Studio 可以为对象资源管理器中选定的每个对象显示一个报表。

图 3-14　对象资源管理器

该报表称为"对象资源管理器详细信息"页，它由 Reporting Services 创建，并可在文档窗口中打开。

【例3.3】 显示"对象资源管理器详细信息"页。

在"视图"菜单（图 3-15）上单击"对象资源管理器详细信息"。如果"对象资源管理器详细信息"页没有打开，则此时将打开该页；如果该页已在后台打开，则此时将转到前台显示。

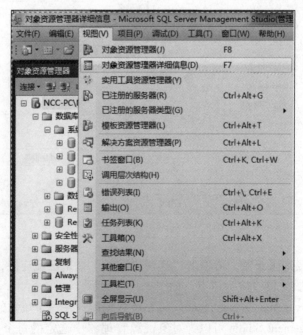

图 3-15　"视图"菜单

也可以随时按 F7 键来显示"对象资源管理器详细信息"页。

"对象资源管理器详细信息"页会在对象资源管理器的每一层提供最需要的对象信息。如果对象列表很大，则"对象资源管理器详细信息"页处理信息的时间可能会很长。

有两个"对象资源管理器详细信息"页视图。一个是"详细信息"视图，用于针对每种对象类型提供相应的信息。另一个是"列表"视图，用于提供对象资源管理器中选定节点内的对象的列表。如果要删除多个项，可使用"列表"视图一次选中多个对象。

3.1.3 查询编辑器

文档窗口可以配置为显示选项卡式文档或多文档界面（MDI）环境。在选项卡式文档模式中，默认为多个文档沿着文档窗口的顶部显示为选项卡。

【例 3.4】 查看默认的选项卡式文档布局。

步骤 1：在主工具栏中，单击"数据库引擎查询"，如图 3－16 所示，在"连接到数据库引擎"对话框中，单击"连接"按钮，如图 3－17 所示。

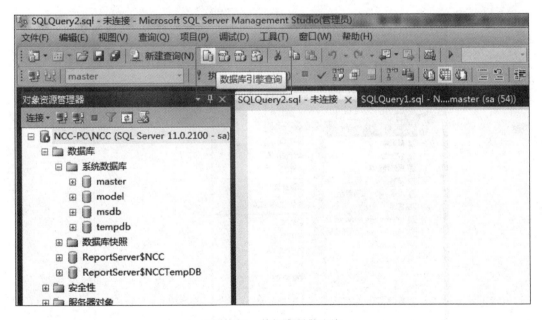

图 3－16　数据库引擎查询

步骤 2：在对象资源管理器中，用鼠标右键单击服务器，再单击"新建查询"，如图 3－18 所示。在这种情况下，查询编辑器将使用已注册的服务器的连接信息。

3.1.4 模板资源管理器

模板即包含 SQL 脚本的样板文件，可用于在数据库中创建对象。SQL Server 提供了多种模板。首次打开模板资源管理器时，会将一个模板的副本置于"Application Data \ Microsoft \ Microsoft SQL Server \ 100 \ Tools \ Shell \ Templates"下的用户"Documents and Settings"文件夹中。这些模板适用于解决方案、项目和各种类型的代码编辑器。模板可用于创建对象，

图 3 – 17 "连接到数据库引擎"对话框

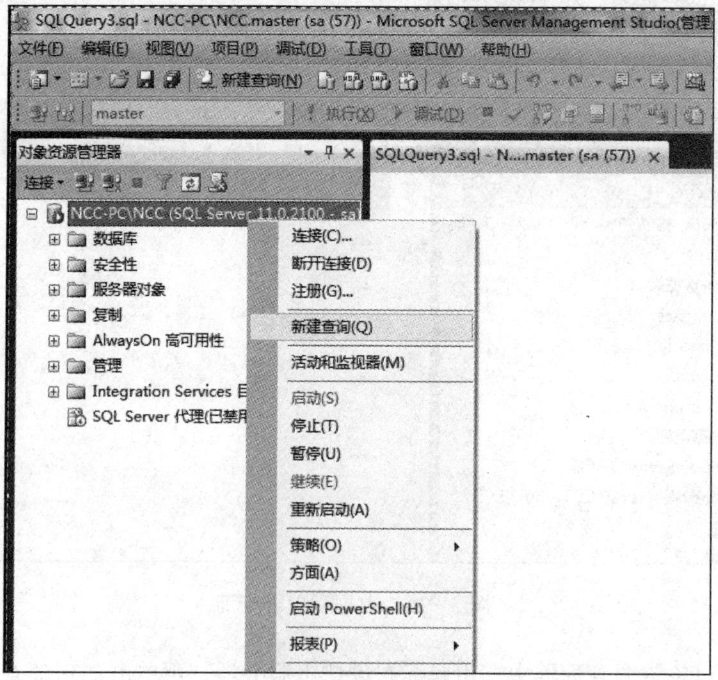

图 3 – 18 新建查询

如数据库、表、视图、索引、存储过程、触发器、统计信息和函数。此外，通过创建用于
Analysis Services 和 SQL Server Compact 3.4 SP2 的扩展属性、链接服务器、登录名、角色、
用户和模板，有些模板还可以管理服务器。

SQL Server Management Studio 提供的模板脚本包含了可以自定义代码的参数。模板参数
定义将使用格式 < parameter_name, data_type, value >，其中：

（1）parameter_name 是脚本中参数的名称。

（2）data_type 是参数的数据类型。

（3）value 是要替换脚本中参数的每个匹配项的值。

使用"替换模板参数"对话框可以将值插入到脚本中。

【例3.5】　从模板资源管理器中打开模板。

步骤1：在"视图"菜单上，单击"模板资源管理器"，如图3－19所示。

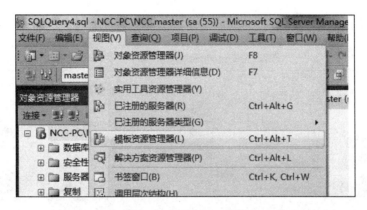

图3－19　"视图"菜单

步骤2：在模板类别列表中，展开数据库"Database"，然后双击创建数据库"Create Database"，在适当的代码编辑器中打开模板（也可以将模板从模板资源管理器拖放到查询编辑器窗口中，从而添加模板代码），如图3－20所示。

图3－20　模板类别列表

步骤3：在"连接到数据库引擎"对话框中，填写连接信息，再单击"连接"按钮，以打开已填充"创建数据库"模板的新查询编辑器窗口，如图3－21所示。

【例3.6】　替换模板参数。

步骤1：在"查询"菜单中，单击"指定模板参数的值"，如图3－22所示。

图 3 – 21 "连接到数据库引擎"对话框

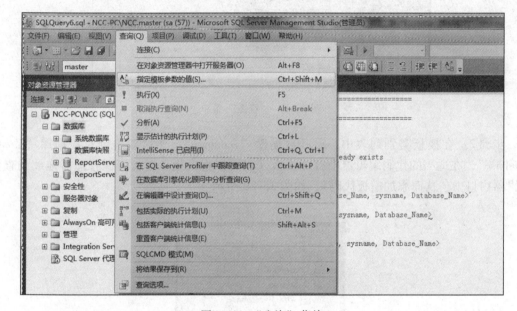

图 3 – 22 "查询"菜单

步骤 2：在"指定模板参数的值"对话框中，"值"列包含了参数的建议值（在上例中为数据库名称"Database_Name"），如图 3 – 23 所示。接受该值或将其替换为一个新值，然后单击"确定"按钮关闭"指定模板参数的值"对话框并修改查询编辑器中的脚本。

【例 3.7】 创建自定义模板。

步骤 1：在模板资源管理器中，导航到要将新模板存储到的节点。

步骤 2：用鼠标右键单击该节点，选择"新建"，然后单击"模板"，如图 3 – 24 所示。

步骤 3：键入新模板的名称"Test"，然后按 ENTER 键，如图 3 – 25 所示。

步骤 4：用鼠标右键单击新模板，然后单击"编辑"，如图 3 – 26 所示。在"连接到数据库引擎"对话框中，单击"连接"按钮，在查询编辑器中打开新模板，如图 3 – 27 所示。

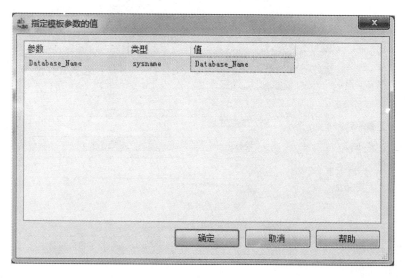

图 3 – 23　"指定模板参数的值"对话框

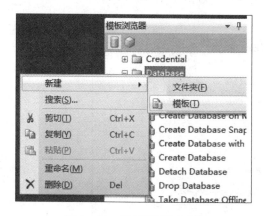

图 3 – 24　模板资源管理器

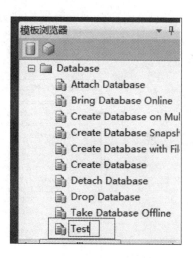

图 3 – 25　新建模板

图 3 – 26　单击"编辑"

连接到数据库引擎
Microsoft SQL Server 2012
服务器类型(T):
数据库引擎
服务器名称(S):
NCC-PC\NCC
身份验证(A):
SQL Server 身份验证
登录名(L):
sa
密码(P):
****
记住密码(M)
连接(C)
取消
帮助
选项(O) >>

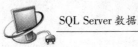

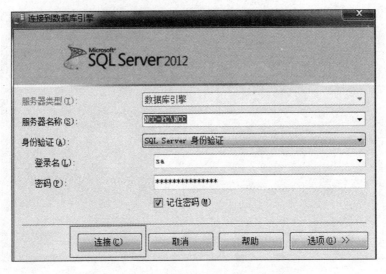

图 3－27 “连接到数据库引擎”对话框

步骤 5：在查询编辑器中创建一个脚本。按照 <parameter_name，data_type，value> 格式在脚本中插入参数。数据类型和数据值区域必须存在，但是可以为空，如图 3－28 所示。

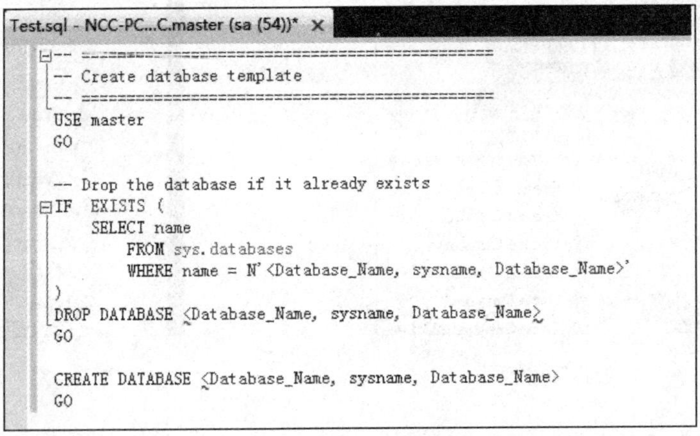

Test.sql - NCC-PC...C.master (sa (54))*
-- ===
-- Create database template
-- ===
USE master
GO
-- Drop the database if it already exists
IF EXISTS (
SELECT name
FROM sys.databases
WHERE name = N'<Database_Name, sysname, Database_Name>'
)
DROP DATABASE <Database_Name, sysname, Database_Name>
GO
CREATE DATABASE <Database_Name, sysname, Database_Name>
GO

图 3－28 创建脚本

步骤 6：在工具栏上，单击“保存”以保存新模板，如图 3－29 所示。

为频繁执行的任务创建自定义模板时，可将自定义脚本组织到现有文件夹中，或创建一个新的文件夹结构。

3.1.5 解决方案资源管理器

Microsoft SQL Server Management Studio 提供了两个用于管理数据库项目（如脚本、查询、数据连接和文件）的容器：解决方案和项目。这些容器所包含的对象称为项。

解决方案资源管理器是 Microsoft SQL Server Management Studio 的一个组件，用于在解决方案或项目中查看和管理项以及执行项管理任务。通过该组件，还可以使用 SQL Server

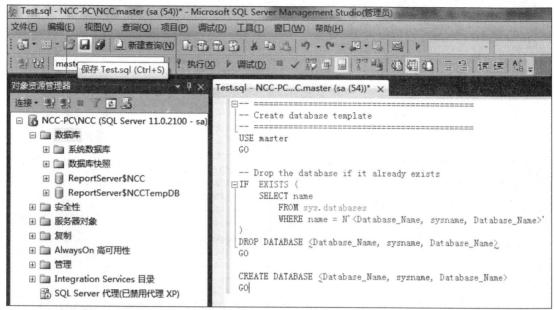

图 3 - 29　保存新模板

Management Studio 编辑器对与某个脚本项目关联的项进行操作。

3.2　SQL Server 配置管理器

SQL Server 配置管理器（图 3 - 30）是一个 Microsoft 管理控制台（Microsoft Management Console，MMC）管理单元，用于管理与 SQL Server 相关联的服务、配置 SQL Server 使用的网络协议以及从 SQL Server 客户端计算机管理网络连接配置。SQL Server 配置管理器是一种可以通过"开始"菜单访问的 Microsoft 管理控制台管理单元，也可以将其添加到任何其他 Microsoft 管理控制台的显示界面中。Microsoft 管理控制台（mmc. exe）使用 Windows "System32"文件夹中的"SQLServerManager10. msc"文件打开 SQL Server 配置管理器。

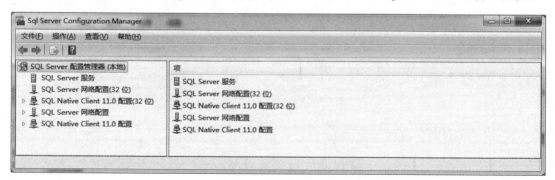

图 3 - 30　SQL Server 配置管理器

SQL Server 配置管理器和 SQL Server Management Studio 使用 Window Management Instrumentation（WMI）来查看和更改某些服务器设置。WMI 提供了一种统一的方式，用于与管理 SQL Server 工具所请求注册表操作的 API 调用进行连接，并可为 SQL Server 配置管理器管理单元组件选定的 SQL 服务提供增强的控制和操作。

SQL Server 配置管理器分为 3 个节点：

（1）SQL Server 服务。"服务"节点提供的功能同计算机"管理工具"的"服务"项的功能一样。不过，因为它只显示 SQL Server 服务，所以控制和监控 SQL Server 服务的状态就更加容易。

（2）SQL Server 网络配置。"网络配置"节点显示并启用所有可用服务器协议的配置。SQL Server 2012 可用的协议有：Shared Memory、Named Pipes、TCP/IP 和 Virtual Interface Adapter（VIA）。应该禁用不使用的协议（或保持其禁用状态），以减少 SQL Server 的受攻击面。

（3）SQL Native Client 10.0 配置。该节点显示和启用用于连接 SQL Server 2012 实例的客户端协议的配置。该配置仅影响运行配置管理器的计算机。除了协议配置之外，该节点还启用了服务器别名的配置。

【例3.8】 启动 SQL Server 的默认实例。

在"开始"菜单中，选择"所有程序"|"Microsoft SQL Server 2012"|"配置工具"，然后单击"SQL Server 配置管理器"，如图 3-31 所示。

图 3-31 "开始"菜单

在 SQL Server 配置管理器的左窗格中，单击"SQL Server 服务"，如图 3-32 所示。

图 3-32 SQL Server 配置管理器

在详细信息窗格中，用鼠标右键单击"SQL Server（MSSQLServer）"，然后单击"启动"，如图 3-33 所示。

如果工具栏上和服务器名称旁的图标上出现绿色箭头，则指示服务器已成功启动，如图 3-34 所示。

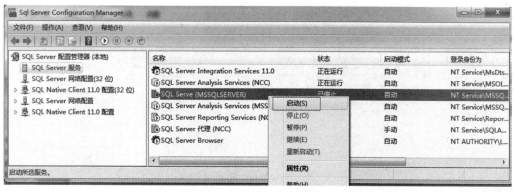

图 3 - 33 单击"启动"

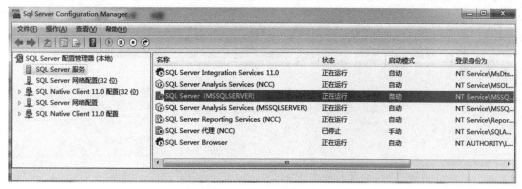

图 3 - 34 服务器成功启动

单击"确定"按钮关闭 SQL Server 配置管理器。

【例 3.9】 启动 SQL Server 的命名实例。

在"开始"菜单中，选择"所有程序"|"Microsoft SQL Server 2012"|"配置工具"，然后单击"SQL Server 配置管理器"，如图 3 - 35 所示。

在 SQL Server 配置管理器的左窗格中，单击"SQL Server"服务，如图 3 - 36 所示。

在详细信息窗格中，用鼠标右键单击 SQL Server 的命名实例，然后单击"启动"，如图 3 - 37 所示。

如果工具栏上和服务器名称旁的图标上出现绿色箭头，则指示服务器已成功启动，如图 3 - 38 所示。

单击"确定"按钮，关闭 SQL Server 配置管理器。

图 3 - 35 "开始"菜单

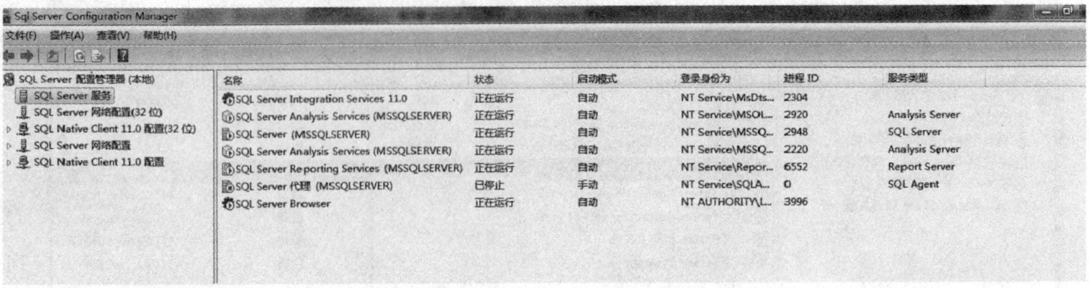

图 3 – 36　SQL Server 配置管理器

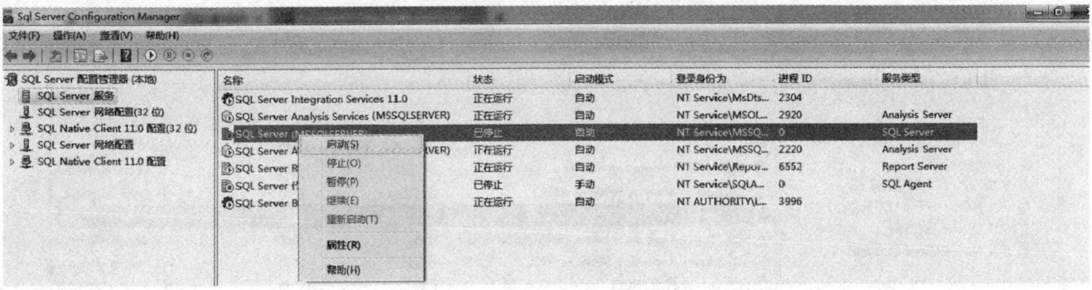

图 3 – 37　单击"启动"

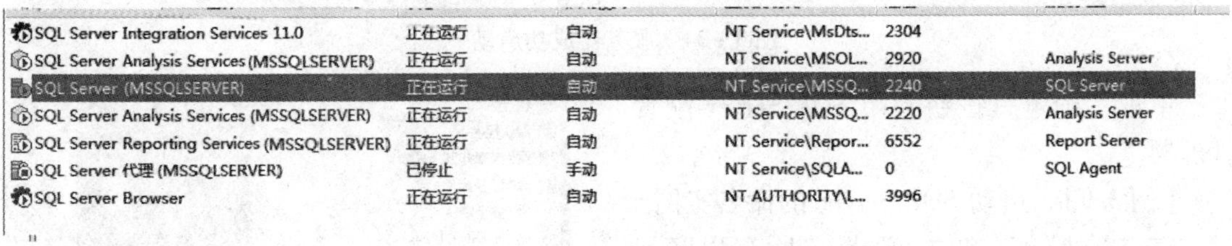

图 3 – 38　服务器成功启动

3.3　SQL Server 数据库关系图工具

3.3.1　关系图工具概述

使用服务器资源管理器可以创建新的数据库关系图。数据库关系图以图形方式显示数据库的结构。数据库关系图设计器提供了一个窗口，可在其中创建和修改表、列、关系和键，此外，还可以修改索引和约束。

打开一个现有关系图或在服务器资源管理器中用鼠标右键单击"数据库"节点，然后从下拉菜单中选择"添加新关系图"，就可以显示数据库关系图设计器。

设计器一打开，"数据库关系图"菜单就会出现在主菜单中。此菜单是设计器的特殊功能的访问点。

数据库关系图工具的设计目标是按照开发人员的需要，构建数据库的各个细节方面的关系图。尽管它是一个简单直观的工具，也不像市场上的某些数据库关系图构建工具那样强大，但是对 SQL Server 来说，它已经很完美了。

SQL Server 数据库关系图工具并不是只能提供创建关系图的功能，它还可以作为构建数据库解决方案的前端。通过该工具，SQL Server 提供了添加和修改表、构建关系、添加索引等很多方面的特性。在工具中所做的任何更改都会先保存在内存中，直至通过工具保存的命令被提交。

数据库关系图工具对于它能操作的对象来说是非常强大的，但是在使用该工具的时候也有一些地方需要注意。要牢记的是，数据库关系图工具会将所有的改变保存在内存中，直至真正地保存该关系图。例如，如果打开了一个数据库关系图，而关系图中的一个表已经在关系图外被删除（假设在查询编辑器或 SSMS 中被删除），则可能会发生如下两种情况：一种情况，在关系图中，在被删除的表中存在未保存的更改，那么在保存关系图的时候，该表会被重建，但是前面的删除操作会将所有的数据都删除；另一种情况，在关系图中，没有对该表进行更改，那么该表就不会被重建，一旦重新打开关系图，就会看到该表被删除了，其也就不再出现在关系图中。

同时有多个开发者在数据库上进行工作时，在 SSMS 的数据库关系图工具中所做的任何更改都不会对其他开发者的关系图产生影响，直到他们的更改被保存且他们的关系图被刷新。如果打开了多个关系图，并在其中修改了一个表，例如插入或删除列，那么这种更改会立刻对 SSMS 中的所有其他已打开的关系图产生影响。不要忘记这是一个内存中的操作，所以这个过程不会对其他人的关系图产生影响，直到更改被保存且关系图被刷新。

同样，如果在关系图中删除了一个对象，在保存该关系图时，该对象会被删除，而其他人在该对象上所完成的任何更改都会丢失。很明显，最后关闭关系图的人是赢家。

简而言之，使用数据库关系图工具时一定要小心，因为很多过程都在内存中进行，可能会不经意导致问题的发生。

3.3.2 数据库关系图工具栏

下面介绍数据库关系图工具栏，了解一下每个工具按钮在关系图中的作用。完整的工具栏如图 3 - 39 所示。

图 3 - 39 "数据库关系图"工具栏

第一个按钮 是"新建表"按钮。点击该按钮可以在数据库设计器内创建新表。需要使用"属性"窗口来为每一列设置属性，而不是像在表设计器中那样，在其下方区域设置列的属性。

在构建关系图时，所有的表都是可供选择的。如果当时没有选择所有的表，则在创建关系图的时候，还可能会需要往关系图中添加表。点击"添加表" 按钮，可以打开"添加表"对话框，它可以往关系图中继续添加表。

"添加相关表"按钮 显示在后面，利用它可以在设计器中添加与被选中表相关的表。

通过使用 按钮，可以在设计器中从数据库中删除表。

如果只是想从关系图中移除表，而不是从数据库中删除表，则可以使用 按钮来完成该操作。例如，如果一个表不再作为数据库关系图"视图"的一部分，那么就可使用这个按钮进行操作。

在设计器中，任何对数据库的更改都可以保存为脚本。使用"生成更改脚本" 按钮就可以完成这项工作。

如果希望将某一列设置为主键，则可以在表中选中该列，然后点击"设置主键" 按钮。

可以在关系图中创建一个区域，以放入特别的文本。这可以通过使用下面的"新建文本标注"按钮 来实现。

每个表都以标准的布局方式而显示。可以让它以其他不同的预定义的布局形式来显示，也可以创建自己的定制视图。图 3-40 所示的"表视图"按钮允许更改布局或创建自定义的布局版本。

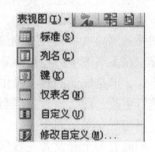

图 3-40 "表视图"按钮

在表和表之间会存在关系，默认时显示为直线，然而，通过点击按钮 ，可以在关系线上以标签的形式显示关系的名称。

关系图是对数据库进行文档化的一种理想方式。例如：可以在会议前打印关系图，以便在会议上对更深入的开发工作进行讨论。 按钮可以显示被打印出来的页面上的分页符。

关系图中第一次设置的分页符会一直被保留，直至对分页符进行重新计算。可以查看分页符，并按照分页符的位置对表进行排列，然后再基于新的布局，重新计算分页符。点击 按钮就可以重新计算分页。

表可以被手工展开或折叠。按住 Ctrl 键选择一个或多个表，再点击相关的表，然后点击 按钮，就可以将表设置为统一大小。

通过点击 按钮，可以对选中的表进行重新排列，并让 SQL Server 进行排列选择。只有在选中了几个表时，该按钮才是可用的。

可以对显示在关系图中的表进行重新排列。在点击 按钮后，SQL Server 会尽可能好地对表和相关联的表进行重新布局。该按钮与前一个按钮差不多，只是该按钮总是可用的。

3.4 实　训

实训 3-1 【关闭和隐藏组件窗口】

任务 【练习关闭、隐藏以及重新打开组件窗口】

单击已注册的服务器对话框右上角的"×"按钮，将其隐藏。已注册的服务器随即关闭。

在对象资源管理器中，单击带有"自动隐藏"工具提示的图钉按钮。对象资源管理器将被最小化到屏幕的左侧。

在对象资源管理器标题栏上移动鼠标，对象资源管理器将重新打开。

再次单击图钉按钮，可使对象资源管理器驻留在打开的位置。

在"视图"菜单中，单击"已注册的服务器"，对其进行还原。

实训 3 - 2　【管理组件】

承载 Management Studio 的环境允许移动组件并将它们停靠在各种配置中。

任务 3 - 2 - 1　【练习移动组件】

单击已注册的服务器的标题栏，并将其拖到文档窗口中央。该组件将取消停靠并保持浮动状态，直到其被放下。

将已注册的服务器拖到屏幕的其他位置。在屏幕的多个区域，将收到蓝色停靠信息。如果出现箭头，则表示组件放在该位置将使窗口停靠在框架的顶部、底部或一侧。将组件移到箭头处会导致目标位置的基础屏幕变暗。如果出现中心圆，则表示该组件与其他组件共享空间。如果把可用组件放入该中心，则该组件显示为框架内部的选项卡。

任务 3 - 2 - 2　【停靠和取消停靠组件】

用鼠标右键单击对象资源管理器的标题栏，并注意图 3 - 41 所示的菜单选项。

```
浮动
可停靠（已选中）
选项卡式文档
自动隐藏
隐藏
```

图 3 - 41　菜单选项

也可通过"窗口"菜单或者工具栏中的下箭头键使用这些选项。

双击对象资源管理器的标题栏，取消它的停靠。

再次双击标题栏，停靠对象资源管理器。

单击对象资源管理器的标题栏，并将其拖到 Management Studio 的右边框。当灰色轮廓框显示窗口的全部高度时，将对象资源管理器拖到 Management Studio 右侧的新位置。

也可将对象资源管理器移到 Management Studio 的顶部或底部。将对象资源管理器拖放回左侧的原始位置。

用鼠标右键单击对象资源管理器的标题栏，再单击"隐藏"按钮。

在"视图"菜单中，单击对象资源管理器，将窗口还原。

用鼠标右键单击对象资源管理器的标题栏，然后单击"浮动"按钮，取消对象资源管理器的停靠。

若要还原默认配置，请在"窗口"菜单中单击"重置窗口布局"。

实训 3 - 3　【创建数据库关系图】

（1）确保 SSMS 正在运行，展开 Education 数据库，选择"数据库关系图"节点，单击鼠标右键选择"安装关系图支持程序"，如图 3 - 42 所示。

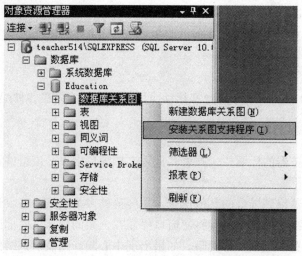

图 3 - 42　创建数据库关系图

（2）第一次创建关系图时，有可能会出现图 3 - 43 所示的提示。

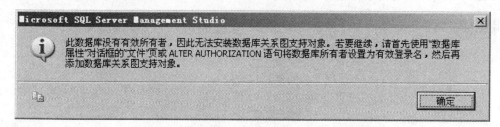

图 3 - 43　无法安装数据库关系图支持对象

此时，需要根据提示，进行如下设置：

步骤 1：用鼠标右键单击 "Education"，单击 "属性"，进入 "数据库属性" 页面，如图 3 - 44 所示。

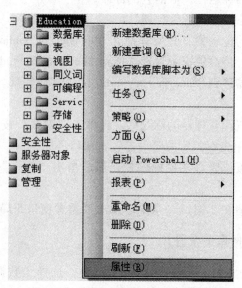

图 3 - 44　进入 "数据库属性" 页面

步骤 2：切换到"文件"页面，单击"所有者"后面的按钮，进入"选择数据库所有者"页面，如图 3 - 45 所示。

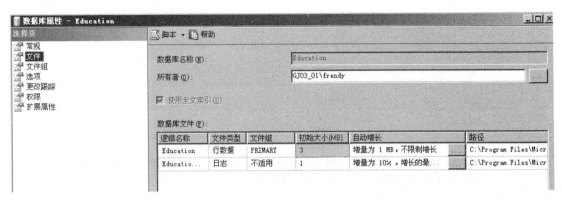

图 3 - 45 "文件"页面

步骤 3：点击"浏览"按钮，打开"查找对象"对话框，如图 3 - 46 所示，选择"sa"或者其他可用的对象，如图 3 - 47 所示，确认后，就可以进行后面的操作。

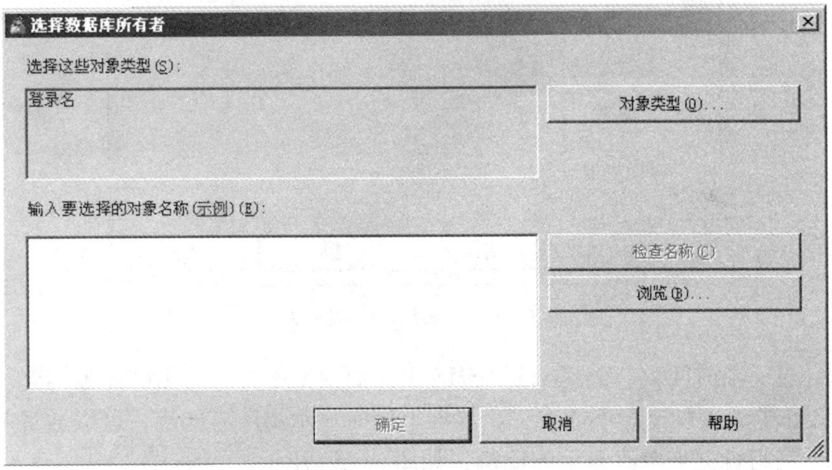

图 3 - 46 "选择数据库所有者"对话框

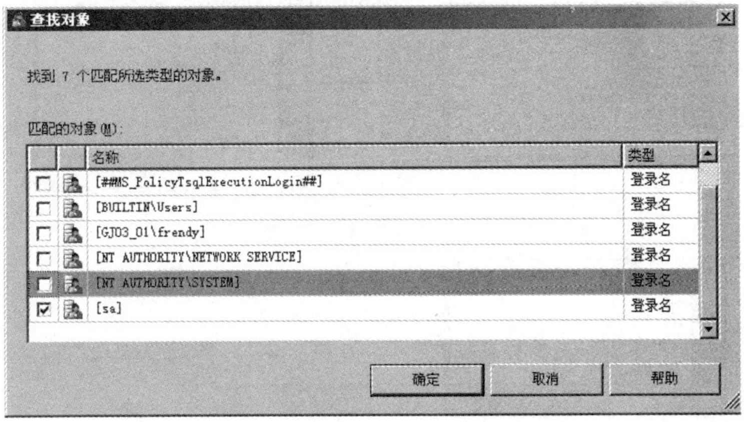

图 3 - 47 "查找对象"对话框

（3）如果是第一次在该数据库上创建关系图，则需要安装支持对象。在所显示的对话框上单击"是"按钮，如图 3 - 48 所示。

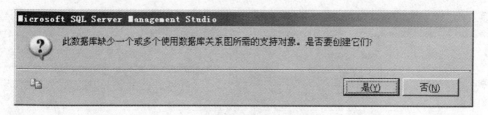

图 3 - 48　安装关系图支持

（4）在创建关系图时，所看到的第一个界面是"添加表"对话框（图 3 - 49）。如果希望在关系图中包含所有表，选择其中列出的所有表，再点击"添加"按钮，这会"清空"该界面，然后单击"关闭"按钮。

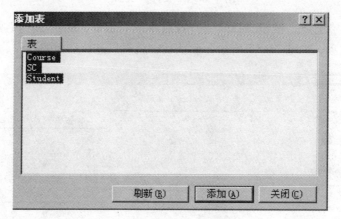

图 3 - 49　"添加表"对话框

（5）在经过一段时间后，会返回到 SSMS 中，而数据库关系图则已经被构建。在这一时刻，关系图会非常大，以至于不能在一个界面上同时显示出所有的表，可以通过关系图工具条上的"大小"组合框来更改显示的比例，如图 3 - 50 所示。

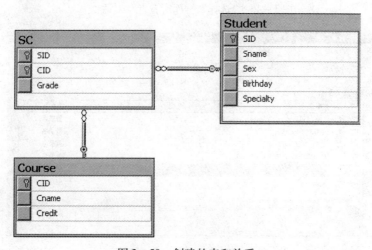

图 3 - 50　创建的表和关系

以上就是创建一个基本关系图所需要的步骤。

实训 3 – 4 【net 命令管理 SQLServer 实例】

（1）可以使用 Microsoft Windows net 命令启动 Microsoft SQL Server 服务。

任务 3 – 4 – 1 【启动 SQL Server 的默认实例】

进入 cmd 窗口，在命令提示符下，输入下列命令之一：

```
net start"SQL Server(MSSQLSERVER)"
-或-
net startMSSQLSERVER
```

任务 3 – 4 – 2 【启动 SQL Server 的命名实例】

在命令提示符下，输入下列命令之一，请用要管理的实例的名称替换"instancename"：

```
net start"SQL Server(instancename)"
-或-
net start MSSQL $ instancename
```

任务 3 – 4 – 3 【使用启动选项启动 SQL Server】

将启动选项添加到"net start" SQL Server（MSSQLSERVER)""语句末尾，之间用空格分隔开。使用 net start 启动时，启动选项使用正斜杠（/）而不是连字符（-）。

```
net start"SQL Server(MSSQLSERVER)"/f/m
-或-
net startMSSQLSERVER/f/m
```

（2）使用 Microsoft Windows net 命令可以停止 Microsoft SQL Server 服务。

注意：为了确保按顺序关机，应当在停止 SQL Server 实例前暂停 SQL Server 并停止 SQL Server 代理服务。可以使用 net 命令或 SQL Server 配置管理器完成该操作。

任务 3 – 4 – 4 【停止 SQL Server 的默认实例】

在命令提示符下，输入下列命令之一：

```
net stop"SQL Server(MSSQLSERVER)"
-或-
net stop MSSQLSERVER
```

任务 3 – 4 – 5 【停止 SQL Server 的命名实例】

在命令提示符下，输入下列命令之一，请用要管理的实例的名称替换"instancename"：

```
net stop"SQL Server(instancename)"
```

- 或 -

```
net stop MSSQL $ instancename
```

3.5 习 题

一、填空题

1. 查询编辑器是一个____格式的文本编辑器，主要用来编辑与运行 Transact – SQL 命令。

2. 对象资源管理器以____结构显示和管理服务器中的对象节点。

二、单项选择题

1. SQL Server 配置管理器不能设置的一项是 ( )。

A. 启用服务器协议   B. 禁用服务器协议

C. 删除已有的端口   D. 更改侦听的 IP 地址

2. ( ) 不是 SQL Server 2012 服务器可以使用的网络协议。

A. Shared Memory 协议   B. PCI/TP   C. VIA 协议   D. Named Pipes 协议

3. ( ) 不是 SQL Server 错误和使用情况报告工具所具有的功能。

A. 将组件的错误报告发送给微软公司   B. 将实例的错误报告发送给微软公司

C. 将实例的运行情况发送给微软公司   D. 将用户的报表与分析发送给微软公司

4. ( ) 不是"查询编辑器"工具栏中包含的工具按钮。

A. 调试   B. 更改连接   C. 更改文本颜色   D. 分析

5. 通过"对象资源管理器"窗口不能连接到的服务类型是 ( )。

A. 查询服务   B. 集成服务   C. 报表服务   D. 分析服务

三、操作题

根据图 3 –51 以及自己对相关业务的理解，创建完成相应的数据库关系图。

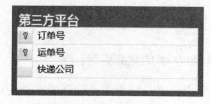

图 3 –51 卖家、快递以及第三方平台

第四章

SQL Server 对象管理

本章学习目标

本章对 SQL Server 数据库的对象管理进行讲解，包括创建与管理数据库、数据表、约束、视图与索引等数据库对象。通过对本章的学习，读者应了解 SQL Server 数据库对象管理的基本概念和方法。

学习要点

☑ 数据库的创建与管理；

☑ 数据表的创建与管理；

☑ 完整性与约束；

☑ 视图的创建与管理；

☑ 索引的创建与管理。

4.1 案例引入

引入：本书以采购数据库 PO 为例开展相关的数据库操作。

设定：采购数据库 PO 拥有 4 张主要的表：采购订单的信息（包括订单头和订单分录 2 张表）、供应商信息，以及物料信息。其结构见表 4-1~表 4-4。数据库关系如图 4-1 所示。

表 4-1　采购订单头表结构

字段名	类型
采购订单号	varchar（30）
部门	int
单据日期	datetime
采购方式	smallint
供应商代码	varchar（30）
单据类型	smallint
制单人	int
主键名	主键字段
PK_POOrder	采购订单号

表4-2　采购订单分录表结构

字段名	类型
分录号	int
采购订单号	varchar（30）
物料代码	int
订货数量	float
单价	float
金额	float
单位	int
交货日期	datetime
备注	varchar（255）

表4-3　供应商信息表结构

字段名	类型
供应商名称	varchar（100）
供应商代码	varchar（30）
电话	varchar（30）
地址	varchar（200）
银行	varchar（100）
联系人	varchar（30）
法人代表	varchar（30）
主键名	主键字段
PK_Supplier	供应商代码

表4-4　物料信息表

字段名	类型
物料代码	int
物料名称	varchar（100）
物料类别	smallint
计量单位	int
主键名	主键字段
PK_ICItem	物料代码

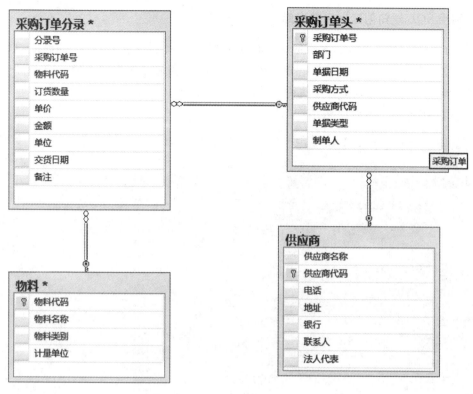

图 4 - 1　数据库关系

4.2　数据库的创建与管理

4.2.1　创建数据库

1. 利用对象资源管理器创建用户数据库

步骤 1：打开 SSMS，登录并连接到 SQL Server 数据库实例。

步骤 2：展开 SQL Server 实例，用鼠标右键单击"数据库"，然后从弹出的菜单中选择"新建数据库"命令，打开"新建数据库"对话框，如图 4 - 2 所示。

步骤 3：在"新建数据库"对话框中，可以定义数据库的名称、数据库的所有者、是否使用全文索引、数据文件和事务日志文件的逻辑名称和路径、文件组、初始大小和增长方式等。输入数据库名称"PO"。

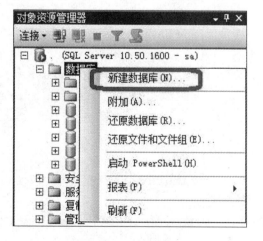

图 4 - 2　新建数据库

2. 利用 SQL 语句创建用户数据库

在 SQL Server Management Studio 中，单击标准工具栏的"新建查询"按钮，启动 SQL 编辑器窗口，在光标处输入 SQL 语句，单击"执行"按钮。SQL 编辑器提交用户输入的 T-SQL 语句，然后发送到服务器执行，并返回执行结果。

创建数据库的 T-SQL 语法结构如下：

```
CREATE DATABASE database_name
  [ON
    {[PRIMARY]
      [<filespec>[,...n]
      [,<filegroup>[,...n]]
    [LOG ON
      { <filespec>[,...n]}
    ]
   }
  ]
  [COLLATE collation_name]
  [WITH <external_access_option>]

  [;]

  其中：
  <filespec>::=
  {
   (
    NAME=logical_file_name,
    FILENAME='os_file_name'
    [,SIZE=size[KB |MB |GB |TB]]
    [,MAXSIZE={ max_size[KB |MB |GB |TB]|UNLIMITED }]
    [,FILEGROWTH=growth_increment[KB |MB |GB |TB |% ]]
   )[,...n]
  }

  <filegroup>::=
  {
   FILEGROUP filegroup_name[CONTAINS FILESTREAM][DEFAULT]
    <filespec>[,...n]
  }
```

参数说明如下：

（1）database_name：新数据库的名称。

数据库名称在 SQL Server 的实例中必须唯一，并且必须符合标识符规则。

（2）ON：指定用来存储数据库的数据文件。

当后面是以逗号分隔的、用以定义主文件组的数据文件的 < filespec > 项列表时，需要使用 ON。主文件组的文件列表可后跟以逗号分隔的、用以定义用户文件组及其文件的 < filegroup > 项列表（可选）。

（3）PRIMARY：指定关联的 < filespec > 列表定义主文件。

在主文件组的 < filespec > 项中指定的第一个文件将成为主文件。一个数据库只能有一个主文件。如果没有指定 PRIMARY，那么 CREATE DATABASE 语句中列出的第一个文件将成为主文件。

（4）LOG ON：指定用来存储数据库的日志文件。

LOG ON 后跟以逗号分隔的用以定义日志文件的 < filespec > 项列表。如果没有指定 LOG ON，将自动创建一个日志文件，其大小为该数据库的所有数据文件大小总和的 25% 或 512KB，取两者之中的较大者。此文件放置于默认的日志文件位置。

（5）< filespec >：控制文件属性。

①logical_file_name：指定文件的逻辑名称。

②os_file_name：指定物理文件名称，其为由操作系统使用的路径和文件名。

③size：指定文件的初始大小。可以使用千字节（KB）、兆字节（MB）、千兆字节（GB）或太字节（TB）后缀。默认值为 MB。应指定整数，不要包括小数。size 是整数值。

④max_size：指定文件可增大到的最大大小。可以使用 KB、MB、GB 和 TB 后缀。默认值为 MB。应指定一个整数，不包含小数位。如果不指定 max_size，则文件将不断增长直至磁盘被占满。

⑤UNLIMITED：指定文件将增长到磁盘充满。在 SQL Server 中，指定为不限制增长的日志文件的最大大小为 2 TB，而数据文件的最大大小为 16 TB。

⑥growth_increment：指定文件的自动增量。其为每次需要新空间时为文件添加的空间量，该值可以 MB、KB、GB、TB 或百分比（%）为单位指定。如果未在数量后面指定 MB、KB 或百分比（%），则默认值为 MB。如果指定百分比（%），则增量大小为发生增长时文件大小的指定百分比。值为 0 时表明自动增长被设置为关闭，不允许增加空间。

如果未指定 FILEGROWTH，则数据文件的默认值为 1 MB，事务日志文件的默认增长比例为 10%，并且最小值为 64 KB。

（6）< filegroup >：控制文件组属性。

①filegroup_name：文件组的逻辑名称，必须在数据库中唯一，名称必须符合标识符规则。

②CONTAINS FILESTREAM：指定文件组在文件系统中存储 FILESTREAM 二进制大型对象（BLOB）。

③DEFAULT：指定命名文件组为数据库中的默认文件组。

【例 4.1】　创建数据库 PO。

要求：数据库 PO 中包含一个数据文件，逻辑文件名为 "PO_data"，磁盘文件名为 "PO_

data. mdf", 文件初始容量为 10MB, 最大容量为 400MB, 文件容量递增值为 5MB; 事务日志文件的逻辑文件名为 "PO_log", 磁盘文件名为 "PO_log. ldf", 文件初始容量为 5MB, 最大不限制, 文件容量递增值为 10%。

```
CREATE DATABASE PO                              /* 数据库逻辑名 */
ON
PRIMARY                                         /* 主文件组 */
    (
    NAME = PO_data,                             /* 数据文件逻辑名 */
    FILENAME = 'D:\PO\PO_data.mdf',             /* 数据文件物理名 */
    SIZE = 10,                                  /* 数据文件初始大小 */
    MAXSIZE = 400,                              /* 数据文件增长的上限 */
    FILEGROWTH = 5                              /* 文件增量 */
    )
LOGON
    (
    NAME = PO_log,                              /* 事务日志文件逻辑名 */
    FILENAME = 'D:\PO\PO_log.ldf',              /* 事务日志文件物理名 */
    SIZE = 5,                                   /* 事务日志文件初始大小 */
    MAXSIZE = unlimited,                        /* 事务日志文件增长的上限 */
    FILEGROWTH = 10%                            /* 文件增量 */
    )
```

4.2.2 管理数据库

1. 查看数据库

使用系统提供的存储过程 sp_ helpdb 可以查看数据库的所有者、容量以及状态等信息。

【例 4. 2】 查看数据库 PO 的信息。

```
sp_helpdb PO               /* 如果不写 PO,则可以查看服务器上所有数据库的信息 */
GO
```

2. 修改数据库

【例 4. 3】 在数据库 PO 中新增文件组 NewGroup。

```
USE PO
GO
ALTER DATABASE PO
ADD FILEGROUP NewGroup
GO
```

【例 4.4】 将数据库 PO 的数据文件容量进行扩充，添加两个次数据文件，分别为 "PO_data3.ndf""PO_data4.ndf"，大小均为 5MB，容量上限均为 100MB，文件增量均为 5MB，并将这两个次数据文件添加到 NewGroup 文件组中。

```
USE Master
GO
ALTER DATABASE PO
ADD FILE                    /* 新增次数据文件* /
(NAME = 'PO_data3',
FILENAME = 'D:\ PO_data3.ndf'
SIZE =5MB,
MAXSIZE =100MB,
FILEGROWTH =5MB),
(NAME = 'PO_data4',
FILENAME = 'D:\ PO_data4.ndf'
SIZE =5MB,
MAXSIZE =100MB,
FILEGROWTH =5MB)
TO FILEGROUPNewGroup     /* 将上述两个次数据文件添加到 NewGroup 文件组
中* /
GO
```

【例 4.5】 将数据库 PO 的日志文件容量进行扩充，添加一个事务日志文件 "PO_log2.ldf"，大小为 5MB，容量上限为 100MB，文件增量为 10%。

```
USE Master
GO
ALTER DATABASE PO
ADD LOG FILE                /* 新增事务日志文件* /
(NAME = 'PO_log2',
FILENAME = 'D:\PO_log2.ldf'
SIZE =5MB,
MAXSIZE =100MB,
FILEGROWTH =10% )
GO
```

【例 4.6】 将数据库 PO 的主数据文件 PO_data 容量扩充到 25MB，将次数据文件 PO_data3 删除，从而缩小数据库容量。

```
USE Master
GO
ALTER DATABASE PO
```

```
MODIFY FILE                          /* 修改用 MODIFY*/
(NAME=PO_data,
SIZE='25MB')                         /* 必须大于当前容量*/
GO
ALTER DATABASE PO
REMOVE FILEPO_data3                   /* 删除用 REMOVE*/
GO
```

3. 重命名数据库

【例4.7】 将数据库 PO 重命名为 PO_New

```
sp_renamedb'PO','PO_New'             /* sp_renamedb 原数据库,新数据库*/
GO
```

注意：只有数据库管理员可以重命名数据库，并将数据库的选项修改为单用户模式。确认其他用户已经断开与数据库的连接。当然，也可以直接用 SSMS 进行可视化重命名。

4. 删除数据库

【例4.8】 删除数据库 PO_New

```
USE Master
GO
DROP DATABASE PO_New
GO
```

注意：删除数据库后，将从磁盘中删除该数据库的所有文件和数据。只有数据库管理员和数据库所有者可以删除数据库。当然，也可以直接用 SSMS 进行可视化删除。

4.3　数据表的创建与管理

4.3.1　创建数据表

1. 利用对象资源管理器中的表设计器创建数据表

（1）启动 SQL Server Management Studio，连接到 SQL Server 数据库实例。

（2）展开 SQL Server 实例，选择"数据库"|"PO"|"表"，单击鼠标右键，然后从弹出的快捷菜单中选择"新建表"命令，打开"表设计器"。

（3）在"表设计器"中，可以定义各列的名称、数据类型、长度、是否允许为空等属性。

（4）当完成新建表的各个列的属性设置后，单击工具栏上的"保存"按钮，弹出"选择名称"对话框，输入新建表名"Item"，SQL Server 数据库引擎会依据用户的设置完成新表的创建。

2. 利用 SQL 语句创建数据表

创建数据表的 T – SQL 语法结构如下：

```
CREATETABLE table_name
(
column_name datatype[NULL | NOT NULL]
[IDENTITY(SEED,INCREMENT)],
column_name datatype……
)
[ON {filegroup} DEFAULT]
```

参数说明如下：

（1）table_name：表的名称。

（2）column_name：表中的列名。

（3）datatype：列的数据类型。

（4）NULL | NOT NULL：是否为空。

（5）IDENTITY：用于自动产生唯一值。

（6）SEED：IDENTITY 的初始值。

（7）INCREMENT：增量，可以为负值。

（8）ON {filegroup} DEFAULT：将表创建在 filegroup 文件组上。如果无 ON 语句或者 ON DEFAULT，则默认建立在主文件组 PRIMARY 上。

【例 4.9】 创建数据库 PO 下的物料数据表，并定义物料代码为标识列，初值为 100，增量为 1。

```
USE PO
GO
CREATE TABLE 物料表
(
物料代码 int IDENTITY(100,1),
物料名称 nvarchar(50) NOT NULL,
物料类别 int NOT NULL,
计量单位 nvarchar(20)
)
GO
```

注意：标识列的数据类型必须为数值型（decimal、int、numeric、bigint、tinyint 等），不允许出现空值，不能有默认值或者检查约束。

4.3.2 修改数据表

【例 4.10】 新增列。

为采购订单头表新增两列：订单审核日期，数据类型为日期型，允许为空；备注列，数据类型为 nvarchar，长度为 20，允许为空。

```
USE PO
GO
ALTER TABLE 采购订单头表
ADD 订单审核日期 datatime null,备注 nvarchar(20)null
GO
```

注意：新增列必须允许为空，否则表中已有数据行对应的新增列的值为空与新增列不允许为空相矛盾，从而导致新增列操作失败。

【例 4.11】 删除列。

删除采购订单头表中的订单审核日期列。

```
USE PO
GO
ALTER TABLE 采购订单头表
DROP COLUMN 订单审核日期
GO
```

【例 4.12】 修改列定义。

修改采购订单头表中的备注列，将其长度修改为 50。

```
USE PO
GO
ALTER TABLE 采购订单头表
ALTER COLUMN 备注 nvarchar(50)  null
GO
```

注意：如果修改的长度小于原来定义的长度，或者修改成其他数据类型，会造成数据丢失。

【例 4.13】 重命名列。

将采购订单头表中的备注列的名称修改为"采购订单头备注"。

```
USE PO
GO
sp_rename  '采购订单头表．备注','采购订单头备注','COLUMN'
GO
```

【例 4.14】 重命名数据表。

将采购订单头表的名称修改为"新采购订单头表"。

```
USE PO
GO
```

```
sp_rename  '采购订单头表','新采购订单头表'
GO
```

当然，也可以直接用 SSMS 进行可视化重命名。

4.3.3　删除数据表

将表从数据库中删除，表中的所有数据也会被删除。

【例 4.15】　删除数据表物料表。

```
USE PO
GO
DROP TABLE 物料表
GO
```

当然，也可以直接用 SSMS 进行可视化删除。

4.4　数 据 完 整 性

4.4.1　完 整 性

数据库中的数据是现实世界的反映，数据库的设计必须能够满足现实情况，即满足现实商业规则的要求，这也是数据完整性的要求。

数据完整性是数据库设计方面一个非常重要的问题，数据完整性代表数据的正确性、一致性和可靠性。实施数据完整性的目的在于确保数据的质量。

在 SQL Server 中，根据数据完整性所作用的数据库对象和范围的不同，可以将数据完整性分类为实体完整性、用户自定义完整性（也称为域完整性）和参照完整性。

实体完整性把数据表中的每行看作一个实体，它要求所有的行都具有唯一的标识；用户自定义完整性要求数据表中指定列的数据具有正确的数据类型、格式和有效的数据范围；参照完整性维持被参照表和参照表之间的数据一致性。

在数据库的管理系统中，约束是保证数据库中数据完整性的重要方法。

4.4.2　约 束

约束是数据库中的数据完整性实现的具体方法，它定义了必须遵循的用于维护数据一致性和正确性的有效规则。在 SQL Server 中，包括 5 种约束类型：主键约束、外键约束、唯一约束、检查约束和默认约束。

1. 主键约束（Primary Key Constraint）

主键约束指定表中的列或列的组合的值在表中具有唯一性，即能唯一地指定一行记录。这些列称为主键列，且 IMAGE 和 TEXT 类型的列不能被指定为主键列，也不允许指定主键列有 NULL 属性。

定义主键约束的语法如下：

```
CONSTRAINT constraint_name
PRIMARY KEY[CLUSTERED |NONCLUSTERED]
(column_name1[,column_name2,…,column_name16])
```

参数说明如下：

（1）constraint_name：指定约束的名称。

约束名称在数据库中应是唯一的。如果不指定，则系统会自动生成一个约束名。

（2）CLUSTERED | NONCLUSTERED：指定索引类别，CLUSTERED 为缺省值。

（3）column_name：指定组成主键列的列名。主键列最多由 16 个列组成。

【例 4.16】 创建一个物料表，以物料代码和名称为主关键字。

```
USE PO
GO
CREATE TABLE 物料表
(
物料代码 int IDENTITY(100,1)NOT NULL,
物料名称 nvarchar(50)NOT NULL,
物料类别 int NOT NULL,
计量单位 nvarchar(20)NULL,
CONSTRAINT PK_FItemID PRIMARY KEY(物料代码,物料名称)
)ON [PRIMARY]
GO
```

【例 4.17】 添加主键约束（将采购订单号 FBillNo 作为采购订单 POOrder 的主键）

```
ALTER TABLE 采购订单
ADD CONSTRAINT PK_FBillNo PRIMARY KEY(采购订单号)
```

注意：主键约束保证数据的唯一性、非空性。

【例 4.18】 删除主键约束（将物料表的主键约束删除）

```
ALTER TABLE 物料表
DROP CONSTRAINT PK_FItemID
GO
```

2. 外键约束（Foreign Key Constraint）

外键约束定义了表与表之间的关系。当一个表中的列或列的组合和其他表中的主键定义相同时，就可以将这些列或列的组合定义为外键。这样，当在定义主键约束的表中更新列值时，其他有与之相关联的外键约束的表中的外键列也将被相应地作相同的更新。外键约束的作用还体现在，当向含有外键的表中插入数据时，如果与之相关联的表的列中没有与插入的外键列值相同的值，系统会拒绝插入数据。与主键相同，不能使用一个定义为 TEXT 或

IMAGE 数据类型的列作为外键列。外键列最多由 16 个列组成。

定义外键约束的语法如下：

```
CONSTRAINT constraint_name
FOREIGN KEY(column_name1[,column_name2,…,column_name16])
REFERENCES ref_table[(ref_column1[,ref_column2,…,ref_column16])]
[ON DELETE { CASCADE |NO ACTION }]
[ON UPDATE { CASCADE |NO ACTION }]
```

参数说明如下：

（1）constraint_name：指定约束的名称。

（2）REFERENCES：指定要建立关联的表的信息。

（3）ref_table：指定要建立关联的表的名称。

（4）ON DELETE {CASCADE | NO ACTION}：指定在删除表中数据时，对关联表所作的相关操作。在子表中有数据行与父表中的对应数据行相关联的情况下，如果指定了值 CASCADE，则在删除父表数据行时会将子表中对应的数据行删除；如果指定的是 NO ACTION，则 SQL Server 会产生一个错误，并将父表中的删除操作回滚。NO ACTION 是缺省值。

（5）ON UPDATE {CASCADE | NO ACTION}：指定在更新表中数据时，对关联表所作的相关操作。在子表中有数据行与父表中的对应数据行相关联的情况下，如果指定了值 CASCADE，则在更新父表数据行时会将子表中对应的数据行更新；如果指定的是 NO ACTION，则 SQL Server 会产生一个错误，并将父表中的更新操作回滚。NO ACTION 是缺省值。

（6）NOT FOR REPLICATION：指定列的外键约束在把从其他表中复制的数据插入表中时不发生作用。

【例 4.19】 创建一个采购订单分录表，与物料表相关联。

```
CREATE TABLE 采购订单分录表(
分录号 INT,
采购订单号 VARCHAR(30),
物料代码 INT,
订货数量 FLOAT,
单价 FLOAT,
金额 FLOAT,
计量单位 INT,
交货日期 DATETIME,
备注 VARCHAR(255),
CONSTRAINT PK_POOrderEntry PRIMARY KEY(分录号,采购订单号),
CONSTRAINT FK_FItemID FOREIGN KEY(物料代码)References 物料表(物料代码)
)ON [PRIMARY]
GO
```

注意：临时表不能指定外键约束。在需要建立两表间的关系并引用主表的列时，使用外键约束。

【例 4.20】 添加外键约束（为采购订单头表和采购订单分录表建立关系，关联字段为采购订单号）

```
ALTER TABLE 采购订单分录表
ADD CONSTRAINT FK_FBillNo FOREIGN KEY(采购订单号)References 采购订单头表(采购订单号)
GO
```

【例 4.21】 删除外键约束（将采购订单分录表的外键约束 FK_FItemID 删除）

```
ALTER TABLE 采购订单分录表
DROP CONSTRAINT FK_FItemID
GO
```

3. 唯一约束（Unique Constraint）

唯一约束指定列或列的组合的值具有唯一性，以防止在列中输入重复的值。唯一约束指定的列可以有 NULL 属性。由于主键值是具有唯一性的，因此主键列不能再设定唯一约束。唯一约束最多由 16 个列组成。

定义唯一约束的语法如下：

```
CONSTRAINT constraint_name
UNIQUE[CLUSTERED |NONCLUSTERED]
(column_name1[,column_name2,…,column_name16])
```

参数说明如下：

（1）constraint_name：指定约束的名称。

（2）CLUSTERED | NONCLUSTERED：指定索引类别，CLUSTERED 为缺省值。

（3）column_name：指定组成唯一约束的列名。唯一约束最多由 16 个列组成。

【例 4.22】 定义一个员工信息表，其中员工的身份证号具有唯一性。

```
CREATE TABLE Employees(
emp_id CHAR(8),
emp_name CHAR(10),
emp_cardid CHAR(18),
emp_age INT,
CONSTRAINT PK_emp_id PRIMARY KEY(emp_id),
CONSTRAINT UK_emp_cardid UNIQUE(emp_cardid)
)ON [PRIMARY]
GO
```

【例 4.23】 添加唯一约束（身份证号）。

```
ALTER TABLEEmployees
ADD CONSTRAINT UK_cardid UNIQUE(emp_cardid)
GO
```

注意：唯一约束可以为空，但只能有一个。

【例 4.24】 删除唯一约束（身份证号）。

```
ALTER TABLE Employees
DROP CONSTRAINT UK_cardid
GO
```

4. 检查约束（Check Constraint）

检查约束对输入列或整个表中的值设置检查条件，以限制输入值，保证数据库的数据完整性。可以对每个列设置检查约束。

定义检查约束的语法如下：

```
CONSTRAINT constraint_name
CHECK[NOT FOR REPLICATION]
(logical_expression)
```

参数说明如下：

（1）constraint_name：指定约束的名称。

（2）**NOT FOR REPLICATION**：指定检查约束在把从其他表中复制的数据插入表中时不发生作用。

（3）logical_expression：指定逻辑条件表达式返回值为 TRUE 或 FALSE。

【例 4.25】 添加检查约束［对员工表中 emp_age 年龄加以限定（15 ~ 50 岁）］

```
ALTER TABLE Employees
ADD CONSTRAINT CK_Age CHECK(emp_age between 15 and 50)
GO
```

【例 4.26】 创建采购订单分录表（其中订货数量必须不小于 10）。

```
CREATE TABLE 采购订单分录表(
分录号 INT,
采购订单号 VARCHAR(30),
物料代码 INT,
订货数量 FLOAT,
单价 FLOAT,
金额 FLOAT,
计量单位 INT,
交货日期 DATETIME,
备注 VARCHAR(255),
```

```
CONSTRAINT PK_POO rderEntryPRIMARY KEY(分录号,采购订单号),
CONSTRAINTFK_FItemID FOREIGN KEY(物料代码)References 物料表(物料代码),
CONSTRAINT CK_quantity CHECK(订货数量 >=10)
)ON [PRIMARY]
GO
```

注意：对计算列不能作除检查约束外的任何约束。

【例4.27】 删除检查约束（CK_quantity）。

```
ALTER TABLE 采购订单头分录表
DROP CONSTRAINT CK_quantity
GO
```

5. 默认约束（Default Constraint）

默认约束通过定义列的默认值或使用数据库的默认值对象绑定表的列，来指定列的默认值。

定义默认约束的语法如下：

```
CONSTRAINT constraint_name
DEFAULT constant_expression[FOR column_name]
```

参数说明如下：

（1）constraint_name：指定约束的名称。

（2）column_name：指定默认约束的列名。

【例4.28】 添加默认约束（采购订单分录表中的订货数量默认为100）。

```
ALTER TABLE 采购订单分录表
ADD CONSTRAINT DF_FQty DEFAULT 100 FOR 订货数量
GO
```

注意：不能在创建表时定义缺省约束，只能向已经创建好的表中添加缺省约束。

【例4.29】 添加默认约束（如果供应商表 Supplier 中地址不填，默认为"地址不详"）

```
ALTER TABLE 供应商表
ADD CONSTRAINT DF_FAddress DEFAULT('地址不详')FOR 地址
GO
```

【例4.30】 删除默认约束（订货数量默认约束）

```
ALTER TABLE 采购订单分录表
DROP CONSTRAINT DF_FQty
GO
```

6. 列约束和表约束

对于数据库来说，约束又分为列约束（Column Constraint）和表约束（Table Constraint）。

列约束作为列定义的一部分只作用于此列本身。表约束作为表定义的一部分，可以作用于多个列。

下面举例说明列约束与表约束的区别。

【例 4.31】　列约束与表约束。

```
CREATE TABLE 采购订单分录表(
分录号 INT,
采购订单号 VARCHAR(30),
物料代码 INT,
订货数量 FLOAT check(FQty>=10),                              /* 列约束* /
单价 FLOAT,
金额 FLOAT,
单位 INT,
交货日期 DATETIME,
备注 VARCHAR(255),
CONSTRAINT PK_POOrderEntry PRIMARY KEY(分录号,采购订单号),/* 表约束* /
)ON [PRIMARY]
GO
```

4.5　视　　图

4.5.1　视图概述

进行数据查询时，在数据表设计过程中，考虑到数据的冗余度、数据一致性等问题，通常对数据表的设计要满足范式的要求，这会造成一个实体的所有信息保存在多个表中。当检索数据时，往往在一个表中不能够得到想要的所有信息。

为了解决这种矛盾，SQL Server 提供了视图。

视图是一种数据库对象，是从一个或者多个数据表或视图中导出的虚表，视图的结构和数据是对数据表进行查询的结果。

用户可以通过视图以需要的方式浏览基本表中的部分或者全部数据，而这些数据的物理存放位置仍然是数据库的表。这些表称作视图的基表。若基表中的数据发生变化，从视图中查询出的数据也随之改变。

数据库中只存放视图的定义，不存放视图对应的数据。

视图的特点

（1）视图能够简化用户的操作，从而简化查询语句；

（2）视图使用户能以多种角度看待同一数据，增加可读性；

（3）视图对重构数据库提供了一定程度的逻辑独立性；

（4）视图能够对机密数据提供安全保护；

（5）适当地利用视图可以更清晰地表达查询。

4.5.2 创建视图

用户可以根据自己的需要创建视图。

创建视图与创建数据表一样，在 SQL Server 中，可以使用 SQL Server Management Studio 的对象资源管理器和 T – SQL 语句两种方法。

1. 利用资源管理器创建视图

在 SQL Server Management Studio 中创建视图的过程主要在视图设计器中完成，如图 4 –3 和图 4 –4 所示。

图 4 –3　新建视图

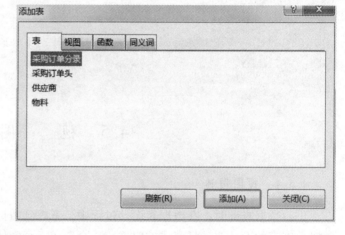

图 4 –4　添加表

添加好各表后，单击"关闭"按钮关闭"添加表"对话框。以后需要用可以在关系图窗口的空白处单击鼠标右键，如图 4 –5 所示。

在关系图窗口中，可以建立表与表之间的联系，只需要将相关联的字段拖动到要连接的字段上即可，如图 4 –6 所示。

对每个表列名前的复选框进行勾选，可以设置视图需要输出的字段，在条件窗格里还可以设置要过滤的查询条件，如图 4 –7 所示。视图设备后的整体效果如图 4 –8 所示。

单击"执行 SQL"按钮 ![button]，运行 SELECT 语句，查看运行结果，如图 4 –9 所示。

测试正常后，单击"保存"按钮，在弹出的对话框中输入视图名称，完成视图的创建，如图 4 –10 所示。

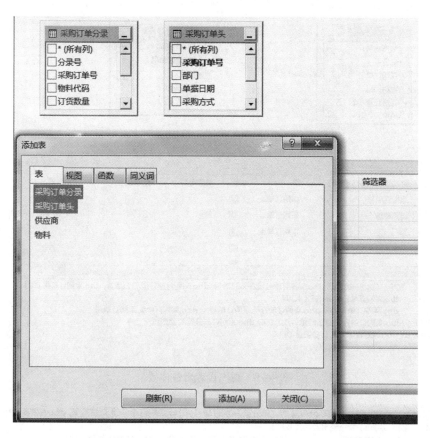

图 4-5　选择表

图 4-6　建立联系

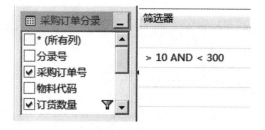

图 4-7　设置过滤条件

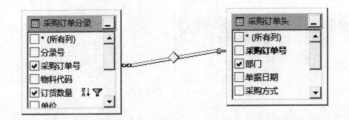

图 4 - 8　视图设置后整体效果

```
SELECT   TOP (100) PERCENT dbo.采购订单分录.采购订单号, dbo.采购订单分录.订货数量, dbo.采购订单头.部门
FROM      dbo.采购订单分录 INNER JOIN
             dbo.采购订单头 ON dbo.采购订单分录.采购订单号 = dbo.采购订单头.采购订单号
WHERE   (dbo.采购订单分录.订货数量 > 10 AND dbo.采购订单分录.订货数量 < 300)
ORDER BY dbo.采购订单分录.订货数量 DESC
```

	采购订单号	订货数量	部门
▶	DJ004	200	1
	DJ001	100	1

图 4 - 9　查看运行结果

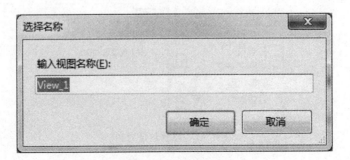

图 4 - 10　设置视图名称

2. 用命令创建视图

利用 CREATE VIEW 语句可以创建视图，该命令的基本语法如下：

```
CREATE VIEW[schema_name.]view_name
[(column[,…n])]
[WITH ENCRYPTION]
AS SELECT_statement
[WITH CHECK OPTION]
```

参数说明如下：

（1）schema_name：视图所属架构名。

（2）view_name：视图名。

（3）column：视图中所使用的列名。

（4）WITH ENCRYPTION：加密视图的定义。

（5）WITH CHECK OPTION：指出在视图上所进行的修改都要符合查询语句所指定的限制条件，这样可以确保数据修改后仍可通过视图看到修改的数据。

（6）SELECT_statement：用来创建视图的 SELECT 语句。对 SELECT 语句有以下的限制：

①定义视图的用户必须对所参照的表或视图有查询权限，即可执行 SELECT 语句。

②不能使用 COMPUTE 或 COMPUTE BY 子句（SQL Server 2012 已经不再使用 COMPUTE 和 COMPUTE BY 子句）。

③不能使用 ORDER BY 子句。

④不能使用 INTO 子句。

⑤不能在临时表或表变量上创建视图。

1）创建基于一个基表的视图

【例4.32】 创建一个视图，用于查看物料的代码和名称。

```
CREATE VIEW v_Item_1
AS
SELECT 物料代码,物料名称
FROM 物料表
GO
```

【例4.33】 创建一个视图，用于查看物料的代码和名称，并修改其字段名。

```
CREATE VIEW v_Item_2(物料号,物料名)
AS
SELECT 物料代码,物料名称
FROM 物料表
GO
```

【例4.34】 创建一个视图，用于查看物料类别为 1 的物料的代码和名称，并要求进行修改和插入操作时仍需保证该视图只显示物料类别为 1 的物料。

```
CREATE VIEW v_Item_3(物料号,物料名)
AS
SELECT 物料代码,物料名称
FROM 物料表
WHERE 物料类别 =1
WITH CHECK OPTION                    /* 进行修改和插入操作时仍需保证该视图
                                      只显示物料类别为 1 的物料* /

GO
```

2）创建基于多个基表的视图

【例 4.35】 创建一个视图，用于查看由名为"海蓝电子"的供应商供货的采购订单信息。

```
CREATE VIEW v_Item_4
AS
SELECT 采购订单头表.*
FROM 采购订单头表,供应商表
WHERE 采购订单头表.供应商代码 =供应商表.供应商代码
And 供应商表.供应商名称 ='海蓝电子'
GO
```

【例 4.36】 创建一个视图，用于查看采购订单的供应商信息，并用 WITH ENCRYPTION 加密。

```
CREATE VIEW v_Item_5
WITH ENCRYPTION
AS
SELECT Supplier.*
FROM POOrder,Supplier
WHERE POOrder.FSupplyID =Supplier.FNumber
GO
```

3）创建基于视图的视图

【例 4.37】 创建一个视图，用于查看由名为"海蓝电子"的供应商供货，并且单据类型编号为 1 的采购订单信息。

```
CREATE VIEW v_Item_6
AS
SELECT *
FROM v_Item_4                         /* 在视图 v_Item_4 的基础上* /
```

```
WHERE 单据类型 =1
GO
```

4）创建分组视图

【例4.38】　创建一个视图，按部门编号进行分组统计，显示各部门对应的采购订单数量。

```
CREATE VIEW v_Item_7(部门号,订单数量)
AS
SELECT 部门,Count( * )
FROM v_Item_4
Group by 部门
GO
```

注意：在视图的 SELECT 语句中必须指定列名，在【例4.38】中，必须为 count(*) 列指定列名，若不指定列名，将会出错。

注意事项

只能在当前数据库中创建视图。

视图的命名必须遵循标识符命名规则，不可与表同名。

如果视图中的某一列是函数、数学表达式、常量或者来自多个表的列名相同，则必须为列定义名称。

当视图引用基表或视图被删除时，该视图也不能再被使用。

不能在视图上创建全文索引，不能在规则、默认的定义中引用视图。

一个视图最多可以引用 1 024 个列。

视图最多可以嵌套32 层。

4.5.3　管理视图

创建视图之后，可以利用 SQL Server Management Studio 或者 T – SQL 语句对视图进行管理。例如，在视图的使用过程中，基表可能经常会发生改变，而使视图无法正常工作，这就需要重新修改视图的定义。另外，一个视图如果不再具有使用价值，则可以将其删除。

1. 查看视图

除了利用对象管理器查看视图定义外，SQL Server 还提供了利用系统存储过程查看视图定义的方法。

（1）sp_help：用于返回视图的特征信息。

（2）sp_helptext：查看视图的定义文本。

（3）sp_depends：查看视图对表的依赖关系和引用的字段。

2. 修改视图

修改视图的语法如下：

```
ALTER VIEW[schema_name.]view_name
  [(column[,...n])]
[WITH ENCRYPTION]
AS SELECT_statement
[WITH CHECK OPTION]
```

参数的含义与 CREATE VIEW 命令中的参数含义相同。

【例 4.39】 将【例 4.32】中的视图 v_Item_1 修改为包含物料的代码、名称和物料类型。

```
ALTER VIEW v_Item_1
AS
SELECT 物料代码,物料名称,物料类别
FROM 物料表
GO
```

3. 更名视图

利用系统提供的存储过程 sp_rename 可以对视图进行重命名，其语法格式如下：

```
sp_rename[@objname=]'object_name',
[@newname=]'new_name'
[,[@objtype=]'object_type']
```

【例 4.40】 将【例 4.32】中的视图 v_Item_1 重命名为 v_Item_Test。

```
USE PO
GO
sp_rename  'v_Item_1','v_Item_Test','VIEW'
GO
```

4. 删除视图

当不再需要一个视图时，可对其进行删除操作，以释放存储空间。删除视图的语法格式如下：

```
DROP VIEW view_name[,...n]
```

【例 4.41】 删除视图 v_Item_2 和 v_Item_3。

```
DROP VIEW v_Item_2,v_Item_3
GO
```

4.5.4 利用视图管理数据

在创建视图之后，可以通过视图来对基表的数据进行管理。但是无论在什么时候对视图

的数据进行管理，实际上都是在对视图对应的数据表中的数据进行管理。

1. 利用视图查询数据

【例 4.42】　直接调用【例 4.36】中 v_Item_5 的视图，查询采购订单号为 SO001 的采购订单的供应商信息。

```
SELECT *
FROM v_Item_5
WHERE 采购订单号 = 'SO001'
```

2. 利用视图插入数据

可使用 INSERT 语句通过视图向基本表插入数据。

由于视图不一定包括表中的所有字段，所以在插入记录时可能会遇到问题。

视图中那些没有出现的字段无法显式插入数据，假如这些字段不接受系统指派的 null 值，那么插入操作将失败。

【例 4.43】　向【例 4.34】的视图 v_Item_3 中插入一个新的物料记录，物料号为 1001，物料名为鼠标。

```
Insert into v_Item_3
Values('1001','鼠标')
```

由于视图 v_Item_3 用于查看物料类别为 1 的物料的代码和名称，并要求进行修改和插入操作时仍保证该视图只显示物料类别为 1 的物料，所以进行插入操作的时候，如果插入的数据不满足条件，则会报错。

> **注意事项**
>
> （1）对于 UPDATE，有 with check option，要保证 UPDATE 后，数据要被视图查询出来；
>
> （2）对于 DELETE，有无 with check option 都一样；
>
> （3）对于 INSERT，有 with check option，要保证 INSERT 后，数据要被视图查询出来；
>
> （4）对于没有 WHERE 子句的视图，使用 with check option 是多余的。

3. 利用视图更新数据

可以使用 UPDATE 语句通过视图修改基本表的数据。

【例 4.44】　将视图 v_Item_3 中物料号为"2001"的物料的名称改为"电源线"。

```
Update v_Item_3
    set 物料名称 = '电源线'
    where 物料代码 = '2001'
等价于:
Update Item
    set 物料名称 = '电源线'
    where 物料代码 = '2001'
```

4. 利用视图删除数据

可以使用 DELETE 语句通过视图删除基本表的数据，但对于依赖多个基本表的视图，不能使用 DELETE 语句。

【**例 4.45**】 删除视图 v_Item_3 中物料号为 "2001" 的物料的记录。

```
DELETE
FROMv_Item_3
WHERE 物料代码 = '2001'
等价于：
DELETE
FROMItem
WHERE 物料代码 = '2001' AND 物料类别 = 1
```

可更新视图的条件

更新视图是指通过视图来插入（INSERT）、修改（UPDATE）和删除（DELETE）数据。

由于视图是虚表，因此对视图的更新最终要转换为对基本表的更新。

为了防止用户对不属于视图范围内的基本表数据进行操作，可在定义视图时加上 with check option 子句。

可更新视图的条件如下：

（1）创建视图的 SELECT 语句中没有聚合函数，且没有 top、group by、having 及 distinct 关键字；

（2）创建视图的 SELECT 语句的各列必须来自基表（视图）的列，不能是表达式；

（3）视图定义必须是一个简单的 SELECT 语句，不能带连接、集合操作，即 SELECT 语句的 FROM 子句中不能出现多个表，也不能有 JOIN、EXCEPT、UNION、INTERSECT。

4.6 索 引

4.6.1 索引概述

索引（index）是对数据库表中一列或多列的值进行排序的一种结构，索引类似于书籍的目录，使用它可快速访问数据库表中的特定信息。

SQL Server 根据存储索引和数据的物理行的方式的不同，将索引分为 3 种类型，即聚集索引（clustered index）、非聚集索引（nonclustered index），以及主 XML 索引和辅助 XML 索引。

1. 聚集索引

聚集索引定义了数据在表中存储的物理顺序。如果在聚集索引中定义了不止一个列，数据将按照在这些列上所指定的顺序来存储，先按第一列指定的顺序，再按第二列指定的顺序，依此类推。一个表只能定义一个聚集索引。它不可能采用两种不同的物理顺序来存储数据。

举个例子，如果查看一个电话簿，会看到数据先以姓氏的字母顺序排列，再以名字的字母顺序排列。因此，当搜索索引并找到键的时候，就已经马上能看到相应的数据，如电话号码。换句话说，这时并不需要根据相应的键，再翻到相应的页，来找到数据，数据本身就已经在这里了。这就是针对姓和名的聚集索引。

在数据被插入时，SQL Server 会将输入的数据，连同索引键值，一同插入到合适位置对应的行中，然后移动数据，以便保持顺序。可以将数据想象成书架中的书。在图书馆购进一本新书时，管理员会尝试按字母顺序找到一个位置，并将这本书插入到该位置中。这时书架上所有的书都会被移动。如果此时没有足够的空间供图书移动，那么在书架最后位置上的书就会被移动到下一个书架上，依此类推。直到书架上有足够的位置供新书加入。

不要将聚集索引放置到一个会进行大量更新的列上，因为这意味着 SQL Server 不得不经常改变数据的物理位置，这样会导致过多的处理开销。

如果表中没有聚集索引，则 SQL Server 将主键列作为聚集索引列。

2. 非聚集索引

不像聚集索引，非聚集索引并不存储表数据本身。相反，非聚集索引只存储指向表数据的指针，该指针作为索引键的一部分，因此，在一个表中同时可以存在多个非聚集索引。

在创建非聚集索引时，用来创建索引的信息与表分开放置在不同的位置，因而可以在需要时将其存储在不同的物理磁盘上。

注意：索引越多，在向带有索引的行中插入或更新数据时，SQL Server 进行索引修改操作所花费的时间就越多。

3. 主 XML 索引和辅助 XML 索引

关于对 XML 数据进行索引，由于篇幅问题，本书不多作解释，具体请参阅联机丛书。

> **索引的唯一性**
>
> 索引可以被定义为唯一的或非唯一的。唯一索引确保带有唯一索引的列中所保存的值，包括 NULL 值，在整个表中只能出现一次。
>
> SQL Server 会自动对带有唯一索引的列强制其唯一性。如果试图在表中插入一个已经存在的值，就会产生错误，对数据的插入或修改就会失败。
>
> 非唯一索引很有效。然而，因为它允许出现重复的值，所以在提取数据的时候，非唯一索引会比唯一索引带来更大的开销。SQL Server 需要检查是否返回了多个项，并同 SQL Server 所知道的唯一索引进行比较，以便在找到第一个行之后停止搜索。
>
> 实现唯一索引通常用于支持约束，例如对主键的约束。实现非唯一索引通常用于支持使用非主键列的行的定位。

4.6.2 创建索引

利用 T–SQL 语句可以创建索引，该命令的基本语法如下：

```
Create[UNIQUE][CLUSTERED |NONCLUSTERED]INDEX index_name
ON TABLE(column[ASC |DESC][,…n])
[with {ignore_dup_key |drop_existing |sort_in_tempdb}]
[ON FILEGROUP]
```

参数说明如下：

（1）UNIQUE：该选项用于通知 SQL Server 索引中列出的列的值是每行唯一的。如果试图插入重复的行，则该选项会强制 SQL Server 返回一个错误信息（可选）。

（2）CLUSTERED 或 NONCLUSTERED：如果这两个选项都没有被明确列出，则默认将索引创建为 NONCLUSTERED（非聚集索引）（可选）。

（3）Index_name：这是要创建的索引的名称。该名称在表中必须是唯一的，也建议在整个数据库中保持该名称的唯一性。建议使用"IX_表名_列名"这种命名方法。

（4）ON table：这是同索引相关联的表的名称。它只能是一个表的名称。

（5）ASC：如果既没有声明 ASC，也没有声明 DESC，则默认设置为 ASC。

（6）DESC：它通知 SQL Server 将列以降序保存。

（7）IGNORE_DUP_KEY：这个选项只在索引中定义了 UNIQUE 的时候才有效。如果在前面没有使用 UNIQUE 选项，则无效。

（8）DROP_EXISTING：如果在数据库中存在相同名称的索引，则可以使用该选项。它会在重建索引之前先删除原先的索引。如果实际上并不改变索引中的任何列，那么这个选项很有用。

（9）SORT_IN_TEMPDB：在一个已经有数据的表中构建索引的时候，建议使用这个选项，如果表是一个很大的表，会在临时数据库 tempdb 中对数据按索引排序。如果有一张大表，或者数据库 tempdb 位于另一个磁盘上，则可以使用这个选项。这个选项会加速索引的构建，因为 SQL Server 会对保存表的磁盘设备进行读取，同时对 tempdb 表所在的另一磁盘设备进行写入。这种读取和写入是并发进行的，从而提高了性能。

（10）FILEGROUP：这是要保存索引的文件组的名称。当前只有一个文件组，即 PRIMARY。PRIMARY 是一个保留字，如果要使用它，需要用方括号（[ ]）将之括住。

【例 4.46】 在物料表中创建一个索引，在按照物料名称查询信息时，提高查询速度。

```
CREATE INDEX IX_Item_1                    /* 由于物料名称非唯一,非主键,所以
                                             创建非聚集索引   */

ON 物料表(物料名称)
GO
```

4.6.3　管理索引

1. 重命名索引

可以通过存储过程 sp_rename 对索引名进行重命名。

【例 4.47】 将物料表中的索引 IX_Item_1 重命名为"IX_ItemNew"。

```
USE PO
GO
EXEC sp_rename 'Item.IX_Item_1','IX_ItemNew'
GO
```

也可以直接通过对象资源管理器以可视化方式进行重命名。

2. 删除索引

【例 4.48】 删除物料表 Item 中的索引 IX_ItemNew。

```
USE PO
GO
DROP Index Item.IX_ItemNew
GO
```

也可以直接通过对象资源管理器以可视化方式进行删除。

> **注意事项**
>
> 不能用 **DROP INDEX** 语句删除由主键约束或唯一约束创建的索引。要删除这些索引，必须先删除主键约束或者唯一约束。
>
> 在删除聚集索引时，表中的所有非聚集索引都将被重建。

4.7 实 训

实验目的：

（1）掌握用 SQL Server 对数据库对象的管理；

（2）进一步了解 SQL Server 数据库的创建，数据表的创建，视图、索引以及约束的管理。

实训 4-1 【创建数据库】

（1）创建逻辑名称为"testdb"的数据库，数据库中包含一个数据文件，逻辑文件名为"testdb_data"，磁盘文件名为"testdb.mdf"，文件初始容量为 5MB，最大容量为 8MB，文件容量递增值为 1MB；事务日志文件的逻辑文件名为"testdb_log"，磁盘文件名为"testdb_log.ldf"，文件初始容量为 1MB，最大容量为 5MB，文件容量递增值为 10%。

①使用 SSMS 创建数据库。

步骤 1：新建数据库；

步骤 2：设置数据库属性对话框；

步骤 3：建立数据库 testdb。

②使用 SQL 语句创建数据库。

③对数据库 testdb 进行修改：添加一个数据文件，逻辑文件名为"testdb2_data"，磁盘文件名为"testdb2_data.ndf"，文件初始容量为 1MB，最大容量为 5MB，文件容量递增值

为 1MB。

（2）创建名称为"company"的数据库，数据库中包含一个数据文件，逻辑文件名为"company_data"，磁盘文件名为"company_data. mdf"，文件初始容量为 5MB，最大容量为 15MB，文件容量递增值为 1MB；事务日志文件的逻辑文件名为"company_log"，磁盘文件名为"company_log. ldf"，文件初始容量为 5MB，最大容量为 10MB，文件容量递增值为 1MB。

（3）对该数据库进行修改：添加一个数据文件，逻辑文件名为"company2_data"，磁盘文件名为"company2_data. ndf"，文件初始容量为 1MB，最大容量为 5MB，文件容量递增值为 1MB；将日志文件"company_log"的最大容量增加为 15MB，将文件容量递增值增加为 2MB。

实训 4 – 2 【创建和修改数据表及数据完整性】

示例是某公司的产品销售数据库，销售数据库中存在员工人事表、客户表、销售主表、销售明细表、产品名称表。各表的结构见表 4 – 5 ~ 表 4 – 9。

表 4 – 5　员工人事表

字段名	字段类型	是否为空	是否主键
员工编号	char(5)	非空	主键
员工姓名	varchar(10)	非空	
性别	char(2)	非空	
所属部门	varchar(10)	非空	
职称	varchar(10)	非空	
雇佣日	datetime	非空	
生日	datetime	允许为空	
薪水	int	非空	
电话	varchar(20)	允许为空	
住址	varchar(50)	允许为空	

表 4 – 6　客户表

字段名	字段类型	是否为空	是否主键
客户号	char(5)	非空	主键
客户名称	varchar(20)	非空	
客户住址	varchar(40)	非空	
客户电话	varchar(20)	非空	
邮政编码	char(6)	允许为空	

表 4 - 7　销售主表

字段名	字段类型	是否为空	是否主键
订单编号	int	非空	主键
客户号	char(5)	非空	
业务员编号	char(5)	非空	
订单金额	numeric(9, 2)	非空	
订货日期	datetime	非空	

表 4 - 8　销售明细表

字段名	字段类型	是否为空	是否主键
订单编号	int	非空	
产品编号	char(5)	非空	
销售数量	int	非空	
单价	numeric(7, 2)	非空	
订单日期	datetime	允许为空	

表 4 - 9　产品名称表

字段名	字段类型	是否为空	是否主键
产品编号	char(5)	非空	主键
产品名称	varchar(20)	非空	
成本	int	非空	

（1）分别在 SQL Server 2012 中使用 T - SQL 语句完成以下操作：

在销售数据库中创建以上 5 张表，并设置各表的主键。

操作步骤：

/ * 员工人事表 * /

/ * 客户表 * /

/ * 销售主表 * /

/ * 销售明细表 * /

/ * 产品名称表 * /

（2）在销售主表中添加字段"发票号码"，字段类型为 char(10)。

（3）添加外键约束：

在销售主表的"业务员编号"字段上添加外键约束，参照字段为员工人事表中的字段"员工编号"，约束名为 FK_sale_id。

在销售主表的"客户号"字段上添加外键约束，参照字段为客户表中的字段"客户号"，约束名为 FK_cust_id。

在销售明细表的"订单编号"字段上添加外键约束，参照字段为销售主表中的字段"订单编号"，约束名为 FK_order_no。

在销售明细表的"产品编号"字段上添加外键约束，参照字段为产品名称表中的"产品编号"字段，约束名为 FK_prod_id。

（4）添加核查约束：

①将员工人事表中的"薪水"字段的值限定为 1 000 ~ 10 000，约束名为 CK_salary。

②将员工人事表中的"员工编号"字段设定为以"E"字母开头，后面跟 4 位数的编号，约束名为 CK_emp_no。

③将员工人事表中的"性别"字段设定这取值只能是"男"和"女"，约束名为 CK_sex。

实训 4 - 3 【视图管理】

1. 创建视图

（1）启动 SSMS，在产品销售数据库中创建成本小于 2 000 的产品视图 VIEW_CP_PRICE2000，要求加密并保证对该视图的更新都符合成本小于 2 000 这个条件，写出创建过程和对应的 T - SQL 语句。

（2）用 T - SQL 语句创建各客户购买产品的情况 VIEW_GMQK 视图，包括客户编号、客户名称、产品编号、产品名称、价格，购买日期、购买数量。

2. 查询视图

（1）基于 VIEW_CP_PRICE2000 视图，查询价格在 2 000 以下的产品的产品编号、名称和价格。

（2）基于 VIEW_GMQK 视图，查询各客户在 2017 年 3 月 18 日购买产品的情况。

3. 更新视图

利用 T - SQL 语句对视图 VIEW_CP_PRICE2000 进行以下数据更新：

（1）插入一条产品记录（'100042','数码相机'，1500）。

（2）将产品编号为 100042 的成本改为 1 800。

（3）删除产品编号为 100042 的产品。

4. 修改视图

VIEW_CP_PRICE2000 视图改为不加密。

5. 删除视图

将 VIEW - GMQK 视图删除。

4.8 习 题

一、填空题

1. 在索引命令中使用关键字 CLUSTERED 和 NONCLUSTERED 分别表示将建立的是索

引____和____索引。

2. 访问数据库中的数据有两种方法，分别是：____和____。

3. 索引一旦创建，将由____自动管理和维护。

4. 在一个表上，最多可以定义____个聚集索引，最多可以有____个非聚集索引。

5. 通过 T–SQL 语句，使用____命令创建数据库，使用____命令查看数据库定义信息，使用____命令修改数据库结构，使用____命令删除数据库。

6. 在一个表上可以定义____个 CHECK 约束。

7. 数据完整性包括：____、____和____。

8. 假定利用 CREATE TABLE 命令建立下面的 BOOK 表：

  CREATE TABLE BOOK

  （

总编号 char（6），

分类号 char（6），

书名 char（6），

单价 numeric（10，2）

  ）

则"单价"列的数据类型为____型，列宽度为____，其中包含____位小数。

二、单项选择题

1. 为数据表创建索引的目的是（　　）。

A. 提高查询的检索性能   B. 节省存储空间

C. 便于管理   D. 归类

2. 索引是对数据库表中字段的（　　）值进行排序。

A. 一个   B. 多个   C. 一个或多个   D. 零个

3. 下列（　　）不适合建立索引。

A. 经常出现在 GROUP BY 字句中的属性   B. 经常参与连接操作的属性

C. 经常出现在 WHERE 字句中的属性   D. 经常需要进行更新操作的属性

4. SQL 语言集数据查询、数据操纵、数据定义和数据控制功能于一体，语句 ALTER DATABASE 实现（　　）功能。

A. 数据查询   B. 数据操纵   C. 数据定义   D. 数据控制

5. SQLServer 数据库对象中最基本的是（　　）。

A. 表和语句   B. 表和视图   C. 文件和文件组   D. 用户和视图

6. 分离数据库就是将数据库从（　　）中删除，但是保持组成该数据库的数据文件和事务日志文件中的数据完好无损。

A. Windows   B. SQLServer 2012   C. U 盘   D. 查询编辑器

7. 表设计器的"允许空"单元格用于设置该字段是否可输入空值，实际上就是创建该字段的（　　）约束。

A. 主键   B. 外键   C. NULL   D. CHECK

8. 下列关于表的叙述正确的是（　　）。

A. 只要用户表没有人使用，即可将其删除　　B. 用户表可以隐藏

C. 系统表可以隐藏　　　　　　　　　　　　D. 系统表可以删除

9. SQL 数据定义语言中，表示外键约束的关键字是（　　　）。

A. CHECK　　　　　　B. FOREIGN KEY　　　C. PRIMARY KEY　　　D. UNIQUE

10. SQL Server 的视图是（　　　）中导出的。

A. 基本表　　　　　　　B. 视图　　　　　　C. 基本表或视图　　　D. 数据库

11. 在视图上不能完成的操作是（　　　）。

A. 更新视图数据　　　　　　　　　　　　　　B. 查询

C. 在视图上定义新的基本表　　　　　　　　　D. 在视图上定义新视图

12. 关于数据库视图，下列说法中正确的是（　　　）。

A. 视图可以提高数据的操作性能

B. 定义视图的语句可以是任何数据操作语句

C. 视图可以提供一定程度的数据独立性

D. 视图的数据一般是物理存储的

13. 在下列关于视图的叙述中，正确的是（　　　）。

A. 当某一视图被删除后，由该视图导出的其他视图也将被自动删除

B. 若导出某视图的基本表被删除了，该视图不受任何影响

C. 视图一旦建立，就不能被删除

D. 当修改某一视图时，导出该视图的基本表也随之被修改

14. 在视图中不允许包括（　　　）关键字。

A. ORDERBY、COMPUTE、COMPUTRBY　　B. ORDERBYFROM

C. COMPUTEORDERBY　　　　　　　　　　　D. ORDERBYGROUPBY

15. 为了使索引键的值在基本表中唯一，在建立索引语句中应使用保留字（　　　）。

A. COUNT　　　　　　B. DISDINCT　　　　　C. UNION　　　　　　D. UNIQUE

16. 定义外键实现的是哪一类完整性？（　　　）

A. 实体完整性

B. 参照完整性

C. 用户定义的完整性

D. 实体完整性、参照完整性和用户定义的完整性

17. SQL Server 的（　　　）允许用户输入 SQL 语句并且迅速查看这些语句的结果。

A. 查询分析器　　　　B. 服务管理器　　　　C. 事件探测器　　　　D. 企业管理器

三、简答题

1. 简答引入索引的主要目的。

2. 简答聚集索引和非聚集索引的区别。

3. 删除索引时所对应的数据表会被删除吗？

四、设计题

1. 基于图书馆数据库的 3 个表如下：

图书表（图书号，书名，作者，出版社，单价）

读者表（读者号，姓名，性别，办公电话，部门）

借阅表（读者号，图书号，借出日期，归还日期）

用 T – SQL 语言建立以下索引：

（1）建立图书表和读者表的主键索引。

（2）建立图书表的非聚合索引 IDX_BOOKS_PRICE，使用的字段为"单价"，排序顺序为"单价"降序。

（3）建立读者表的唯一非聚合索引 IDX_READERS_READERNOANDNAME，使用的字段为"读者号"和"姓名"，排序顺序为"读者号"降序，"姓名"升序。

（4）建立借阅表的唯一聚合索引 IDX_BORROW_READERANDBOOK，使用的字段为"读者号"和"图书号"。

（5）修改索引 IDX_BOOKS_PRICE 的名称为 IDX_BOOKS_MONEY。

（6）删除索引 IDX_BOOKS_MONEY。

2. 创建一个名称为"STUDENT3"的数据库，该数据库的主文件逻辑名称为"STUDENT3_data"，物理文件名为"STUDENT3. mdf"，初始大小为 3MB，最大尺寸为无限大，增长速度为 15%；数据库的事务日志文件逻辑名称为"STUDENT3_log"，物理文件名为"STUDENT3. ldf"，初始大小为 2MB，最大尺寸为 50MB，增长速度为 1MB；要求数据库文件和事务日志文件的物理文件都存放在 E 盘的"DATA"文件夹下。

3. 创建一个指定多个数据文件和事务日志文件的数据库。该数据库名称为"STUDENTS"，有 1 个 5MB 和 1 个 10MB 的数据文件和 2 个 5MB 的事务日志文件。数据文件逻辑名称为"STUDENTS1"和"STUDENTS2"，物理文件名为"STUDENTS1. mdf"和"STUDENTS2. ndf"。主文件是 STUDENTS1，由 PRIMARY 指定，两个数据文件的最大尺寸分别为无限大和 100MB，增长速度分别为 10% 和 1MB。事务日志文件的逻辑名为"STUDENTSLOG1"和"STUDENTSLOG2"，物理文件名为"STUDENTSLOG1. ldf"和"STUDENTSLOG2. ldf"，最大尺寸均为 50MB，文件增长速度为 1MB。要求数据库文件和事务日志文件的物理文件都存放在 E 盘的"DATA"文件夹下。

4. 删除已创建的数据库 STUDENTS2。

5. 将已存在的数据库 STUDENT3 重命名为 STUDENT_BACK。

第五章

SQL Server 数据管理

本章学习目标

本章介绍了 SQL Server 数据管理的相关知识，其内容主要包括数据查询与管理数据表等内容。通过对本章的学习，读者应能够利用 SELECT 语句进行简单的数据查询，多表的连接查询、嵌套查询和集合查询，并掌握数据表的增、删、改等基本操作。

学习要点

☑ 数据查询；
☑ 数据表的增、删、改等基本操作。

5.1 数据查询

已知表数据图 5 - 1 ~ 图 5 - 4 所示。

	物料代码	物料名称	物料类别	计量单位
1	1001	黑板	1	块
2	1002	黑板擦	1	块
3	1003	粉笔	1	盒
4	1004	橡皮	1	包
5	2001	显示器	2	台
6	2002	鼠标	2	个
7	2003	键盘	2	个
8	2004	机箱	2	个
9	3001	座椅	3	把
10	3002	书桌	3	张

图 5 - 1　物料表

	供应商名称	供应商代码	电话	地址	银行	联系人	法人代表
1	北京天天文具厂	单击可选择整个列	010-82677777	北京市上地产业园	工商银行北京分公司	李天天	李天天
2	上海名仕电脑有限公司	21001	021-82660001	上海市浦东区	浦发银行上海分公司	王红一	黎明
3	天津心心文具厂	22001	022-88665688	天津市河东区华昌大街	建设银行天津分公司	王利	王利

图 5 - 2　供应商表

	采购订单号	部门	单据日期	采购方式	供应商代码	单据类型	制单人
1	DJ001	1	2014-05-09 00:00:00.000	1	10001	1	1001
2	DJ002	1	2013-02-03 00:00:00.000	1	10001	1	1001
3	DJ003	1	2015-02-03 00:00:00.000	1	22001	1	1003
4	DJ004	1	2009-02-03 00:00:00.000	1	22001	2	1003

图 5 - 3　采购订单头表

	分录号	采购订单号	物料代码	订货数量	单价	金额	单位	交货日期	备注
1	1	DJ001	2001	100	50	5000	块	2015-09-09 00:00:00.000	NULL
2	2	DJ001	2002	10	50	500	个	2015-10-09 00:00:00.000	NULL
3	3	DJ002	2002	10	50	500	个	2015-10-10 00:00:00.000	NULL
4	4	DJ001	2003	300	10	3000	个	2014-01-10 00:00:00.000	NULL
5	5	DJ004	2002	200	10	2000	个	2013-10-10 00:00:00.000	NULL
6	6	DJ001	2003	1	10	10	件	NULL	暂无交货日期

图 5 - 4　采购订单分录表（明细表）

5.1.1　查询语句

数据库查询是通过查询语句搜索出用户所需要的信息，SQL Server 对数据的查询操作是通过 SELECT 查询语句来完成的。

SELECT 查询语句的基本语法结构如下：

```
SELECT SELECT_list
[into new_table]
FROM table_source
[WHERE search_condition]
[group by group_by_expression]
[having search_condition]
[Order by order_expression[asc |desc]]
```

参数说明如下：

（1）SELECT 子句：指定由查询结果返回的列。

（2）INTO 子句：将查询结果存储到新表或视图中。

（3）FROM 子句：用于指定数据源，即使用的列所在的表或视图。如果对象不止一个，那么它们之间必须用逗号分开。

（4）WHERE 子句：指定用于限制返回的行的搜索条件。如果 SELECT 语句没有 WHERE 子句，DBMS 假设目标表中的所有行都满足搜索条件。

（5）GROUP BY 子句：指定用来放置输出行的组，并且如果 SELECT 子句的 SELECT_ list 中包含聚合函数，则计算每组的汇总值。

（6）HAVING 子句：指定组或聚合函数的搜索条件。HAVING 子句通常与 GROUP BY 子句一起使用。

（7）ORDER BY 子句：指定结果集的排序方式。ASC 关键字表示升序排列结果，DESC 关键字表示降序排列结果。如果没有指定任何一个关键字，那么 ASC 就是默认的关键字。如果没有 ORDER BY 子句，DBMS 将根据输入表中数据的存放位置来显示数据。

在这一系列子句中，SELECT 子句和 FROM 子句是必需的，其他子句根据需要都是可选的。

5.1.2 简单查询

1. 查询列

1）查询指定列

数据表中有很多列，通常情况下并不需要查看全部的列，因为不同的用户所关注的内容不同。

在指定列的查询中，列的显示顺序由 SELECT 子句指定，与数据在表中的存储顺序无关；同时，在查询多列时，用"，"将各字段隔开。

【例 5.1】 在采购管理数据库中查询物料 Item 中的物料代码、物料名称。

```
SELECT 物料代码,物料名称
FROM 物料
```

查询结果如图 5-5 所示。

	物料代码	物料名称
1	1001	黑板
2	1002	黑板擦
3	1003	粉笔
4	1004	橡皮
5	2001	显示器
6	2002	鼠标
7	2003	键盘
8	2004	机箱
9	3001	座椅
10	3002	书桌

图 5-5 【例 5.1】的查询结果

2）查询所有列

使用"*"通配符，查询结果将列出表中所有列的值，而不必指明各列的列名，这在用户不清楚表中各列的列名时非常有用。服务器会按用户创建表格时声明列的顺序来显示所有的列。

【例 5.2】 从采购管理数据库（PO）的物料 Item 中查询所有记录。

```
SELECT *
FROM 物料
```

查询结果如图 5 - 6 所示。

	物料代码	物料名称	物料类别	计量单位
1	1001	黑板	1	块
2	1002	黑板擦	1	块
3	1003	粉笔	1	盒
4	1004	橡皮	1	包
5	2001	显示器	2	台
6	2002	鼠标	2	个
7	2003	键盘	2	个
8	2004	机箱	2	个
9	3001	座椅	3	把
10	3002	书桌	3	张

图 5 - 6　【例 5.2】的查询结果

3）使用运算列

YEAR( ) 为系统函数，获取指定日期的年份；GETDATE( ) 为系统函数，获取当前日期和时间。

【例 5.3】　查询所有采购订单的订单编号、采购年份。

```
SELECT 采购订单号,YEAR(单据日期)
FROM 采购订单头
```

查询结果如图 5 - 7 所示。

	采购订单号	(无列名)
1	DJ001	2014
2	DJ002	2013
3	DJ003	2015
4	DJ004	2009

图 5 - 7　【例 5.3】的查询结果

【例 5.4】　查询五年内所有订单。

```
SELECT 采购订单号,YEAR(单据日期)
FROM 采购订单头
WHERE YEAR(GETDATE())-YEAR(单据日期)<5
```

查询结果如图 5 - 8 所示。

4）改变列标题显示

通常查询结果所显示的列标题就是创建表时所使用的列名，但是，这在实际使用中往往会带来一些不便，因此，可以利用"'列标题'=列名或 as '列标题'"来根据需要修改列标题的显示。

	采购订单号	(无列名)
1	DJ001	2014
2	DJ002	2013
3	DJ003	2015

图 5 - 8　【例 5.4】的查询结果

【例5.5】 在【例5.3】中，给采购年份定义一个标题，名为：'采购年份'。

```
SELECT 采购订单号,YEAR(单据日期)as'采购年份'
FROM 采购订单头
或者
SELECT 采购订单号,'采购年份'=YEAR(单据日期)
FROM 采购订单头
```

查询结果如图5-9所示。

5）除去结果的重复信息

使用 DISTINCT 关键字能够从返回的结果数据集合中删除重复的行，使返回的结果更简洁。

【例5.6】 只查询采购订单的订单日期（去掉重复）。

	采购订单号	采购年份
1	DJ001	2014
2	DJ002	2013
3	DJ003	2015
4	DJ004	2009

图5-9 【例5.5】的查询结果

```
SELECT DISTINCT 单据日期
FROM 采购订单头
```

查询结果如图5-10所示。

6）返回查询的部分数据

在 SQL Server 中，提供了 TOP 关键字让用户指定返回一定数量的数据。

"TOP n"表示返回最前面的 n 行，n 表示返回的行数；"TOP n percent"表示返回前面的 n% 行。

【例5.7】 显示前5行物料信息。

	单据日期
1	2009-02-03 00:00:00.000
2	2013-02-03 00:00:00.000
3	2014-05-09 00:00:00.000
4	2015-02-03 00:00:00.000

图5-10 【例5.6】的查询结果

```
SELECT TOP 5 *
FROM 物料
```

查询结果如图5-11所示。

	物料代码	物料名称	物料类别	计量单位
1	1001	黑板	1	块
2	1002	黑板擦	1	块
3	1003	粉笔	1	盒
4	1004	橡皮	1	包
5	2001	显示器	2	台

图5-11 【例5.7】的查询结果

【例5.8】 显示前10%的物料信息。

```
SELECT TOP 10 percent  *
FROM 物料
```

查询结果如图 5 – 12 所示。

	物料代码	物料名称	物料类别	计量单位
1	1001	黑板	1	块

图 5 – 12 【例 5.8】的查询结果

2. 选择行

WHERE 子句用于指定查询条件，使得 SELECT 语句的结果表中只包含那些满足查询条件的记录。

在使用时，WHERE 子句必须紧跟在 FROM 子句后面。WHERE 子句中的条件表达式包括算术表达式和逻辑表达式两种，SQL Server 对 WHERE 子句中的查询条件的数目没有限制。

1）使用比较表达式

【例 5.9】 查询所有的计量单位为"个"的物料的物料代码、物料名称。

```
SELECT 物料代码,物料名称
FROM 物料
WHERE 计量单位 = '个'
```

查询结果如图 5 – 13 所示。

	物料代码	物料名称
1	2002	鼠标
2	2003	键盘
3	2004	机箱

图 5 – 13 【例 5.9】的查询结果

【例 5.10】 查询所有订货数量超过 100 的订单的订单头信息。

```
SELECT 采购订单头.*
FROM 采购订单头,采购订单分录
WHERE 采购订单头.采购订单号 = 采购订单分录.采购订单号
```

查询结果如图 5 – 14 所示。

	采购订单号	部门	单据日期	采购方式	供应商代码	单据类型	制单人
1	DJ001	1	2014-05-09 00:00:00.000	1	10001	1	1001
2	DJ001	1	2014-05-09 00:00:00.000	1	10001	1	1001
3	DJ002	1	2013-02-03 00:00:00.000	1	10001	1	1001
4	DJ001	1	2014-05-09 00:00:00.000	1	10001	1	1001
5	DJ004	1	2009-02-03 00:00:00.000	1	22001	2	1003
6	DJ001	1	2014-05-09 00:00:00.000	1	10001	1	1001

图 5 – 14 【例 5.10】的查询结果

2）使用逻辑比较表达式

【例5.11】 查询所有单据类型为"1"并且交货日期为2015年之后的订单的代号和交货日期。

```
SELECT 采购订单头.采购订单号,采购订单分录.交货日期 as 交货日期
FROM 采购订单头,采购订单分录
WHERE 采购订单头.采购订单号 = 采购订单分录.采购订单号
AND 单据类型 = '1' AND  YEAR(采购订单分录.交货日期) >=2015
```

查询结果如图5-15所示。

	采购订单号	交货日期
1	DJ001	2015-09-09 00:00:00.000
2	DJ001	2015-10-09 00:00:00.000
3	DJ002	2015-10-10 00:00:00.000

图5-15 【例5.11】的查询结果

【例5.12】 查询所有单据类型为"1"或交货日期在2015年之前的订单的订单头信息。

```
SELECT 采购订单头.采购订单号,采购订单分录.交货日期 as 交货日期
FROM 采购订单头,采购订单分录
WHERE 采购订单头.采购订单号 = 采购订单分录.采购订单号
AND 单据类型 = '1' OR  YEAR(采购订单分录.交货日期) <2015
```

查询结果如图5-16所示。

	采购订单号	交货日期
1	DJ001	2015-09-09 00:00:00.000
2	DJ001	2015-10-09 00:00:00.000
3	DJ001	2014-01-10 00:00:00.000
4	DJ001	2013-10-10 00:00:00.000
5	DJ001	NULL
6	DJ002	2015-10-10 00:00:00.000
7	DJ002	2014-01-10 00:00:00.000
8	DJ002	2013-10-10 00:00:00.000
9	DJ003	2014-01-10 00:00:00.000
10	DJ003	2013-10-10 00:00:00.000
11	DJ004	2014-01-10 00:00:00.000
12	DJ004	2013-10-10 00:00:00.000

图5-16 【例5.12】的查询结果

【例5.13】 查询所有定过物料代码为2002和2001，并且这两种物料的订货数量都超过100的订单明细信息。

```
SELECT * FROM 采购订单分录
WHERE(物料代码 =2001 AND 订货数量 >=100)
OR(物料代码 =2002 AND 订货数量 >=100)
```

查询结果如图 5 – 17 所示。

	分录号	采购订单号	物料代码	订货数量	单价	金额	单位	交货日期	备注
1	1	DJ001	2001	100	50	5000	块	2015-09-09 00:00:00.000	NULL
2	5	DJ004	2002	200	10	2000	个	2013-10-10 00:00:00.000	NULL

图 5 – 17　【例 5.13】的查询结果

3）空值（NULL）的判断

如果在创建数据表时没有指定 NOT NULL 约束，那么数据表中某些列的值就可以为 NULL。所谓 NULL 就是空，在数据库中，其长度为 0。

【例 5.14】　查询所有交货日期为空的订单明细。

```
SELECT * FROM 采购订单分录
WHERE 采购订单分录.交货日期 IS NULL
```

查询结果如图 5 – 18 所示。

	分录号	采购订单号	物料代码	订货数量	单价	金额	单位	交货日期	备注
1	6	DJ001	2003	1	10	10	件	NULL	暂无交货日期

图 5 – 18　【例 5.14】的查询结果

4）限定数据范围

使用 BETWEEN 限制查询数据范围时同时包括了边界值，其效果完全可以用含有 "＞=" 和 "＜=" 的逻辑表达式来代替；使用 NOT BETWEEN 进行查询时没有包括边界值，其效果完全可以用含有 "＞" 和 "＜" 的逻辑表达式来代替。

【例 5.15】　查询所有订货数量为 50 ~ 100 的订单明细。

```
SELECT * FROM 采购订单分录
WHERE 订货数量 BETWEEN 50 AND 100
```

查询结果如图 5 – 19 所示。

	分录号	采购订单号	物料代码	订货数量	单价	金额	单位	交货日期	备注
1	1	DJ001	2001	100	50	5000	块	2015-09-09 00:00:00.000	NULL

图 5 – 19　【例 5.15】的查询结果

5）限制检索数据的范围

当列值不在一个连续的取值区间，而是一些离散的值时，利用 BETWEEN 关键字就无能为力了，可以利用 SQL Server 提供的另一个关键字 IN。

在大多数情况下，OR 运算符与 IN 运算符可以实现相同的功能。

【例 5. 16】 查询所有定过物料代码为 2001 或 2002 的订单明细信息。

```
SELECT * FROM 采购订单分录
WHERE 物料代码 IN(2001,2002)
```

查询结果如图 5 - 20 所示。

	分录号	采购订单号	物料代码	订货数量	单价	金额	单位	交货日期	备注
1	1	DJ001	2001	100	50	5000	块	2015-09-09 00:00:00.000	NULL
2	2	DJ001	2002	10	50	500	个	2015-10-09 00:00:00.000	NULL
3	3	DJ002	2002	10	50	500	个	2015-10-10 00:00:00.000	NULL
4	5	DJ004	2002	200	10	2000	个	2013-10-10 00:00:00.000	NULL

图 5 - 20 【例 5. 16】的查询结果

6）模糊查询

在实际的应用中，用户不会总是能够精确地给出查询条件。因此，经常需要根据一些并不确切的线索来搜索信息。SQL Server 提供了 LIKE 子句来进行这类模糊搜索。

LIKE 子句在大多数情况下会与通配符配合使用。

所有通配符只有在 LIKE 子句中才有意义，否则通配符会被当作普遍字符处理。

各通配符也可以组合使用，实现复杂的模糊查询。

通配符"%"表示任意字符的匹配；通配符"_"只能匹配任何单个字符；通配符"[ ]"用于指定范围（如 [a-z]）或集合（如 [abcdef]）中的任何单个字符；通配符"[^]"用于匹配没有在方括号中列出的字符。

在使用 LIKE 进行模糊查询时，当"%""_"和"[ ]"符号单独出现时，都会被作为通配符进行处理。有时可能需要搜索的字符串包含一个或多个特殊通配符，例如，数据表中可能存储含百分号（%）的折扣值。若要搜索作为字符而不是通配符的百分号，必须提供 ESCAPE 关键字和转义符，例如，"LIKE'%B%'ESCAPE'B'"就使用了 ESCAPE 关键字定义了转义字符 B，将字符串"%B%"中的第二个百分号（%）作为实际值，而不是通配符。

【例 5. 17】 查询所有公司名称中含有"天津"的供应商的信息。

```
SELECT * FROM 供应商
WHERE 供应商名称 LIKE  '%天津%'
```

查询结果如图 5 - 21 所示。

	供应商名称	供应商代码	电话	地址	银行	联系人	法人代表
1	天津心心文具厂	22001	022-88665688	天津市河东区华昌大街	建设银行天津分公司	王利	王利

图 5 - 21 【例 5. 17】的查询结果

【例 5. 18】 查询供应商联系人中姓"王"，而且姓名是两个字的供应商的信息。

```
SELECT * FROM 供应商
WHERE 联系人 LIKE'王_'
```

查询结果如图 5 – 22 所示。

	供应商名称	供应商代码	电话	地址	银行	联系人	法人代表
1	天津心心文具厂	22001	022-88665688	天津市河东区华昌大街	建设银行天津分公司	王利	王利

图 5 – 22　【例 5.18】的查询结果

【例 5.19】　查询供应商联系人中含姓"张"或姓"王"的供应商的信息。

```
SELECT * FROM 供应商
WHERE 联系人 LIKE'[张王]%'
```

查询结果如图 5 – 23 所示。

	供应商名称	供应商代码	电话	地址	银行	联系人	法人代表
1	上海名仕电脑有限公司	21001	021-82660001	上海市浦东区	浦发银行上海分公司	王红一	黎明
2	天津心心文具厂	22001	022-88665688	天津市河东区华昌大街	建设银行天津分公司	王利	王利

图 5 – 23　【例 5.19】的查询结果

【例 5.20】　查询供应商联系人中不姓"张"或姓"王"的供应商的信息。

```
SELECT * FROM 供应商
WHERE 联系人 LIKE'[^张王]%'
```

查询结果如图 5 – 24 所示。

	供应商名称	供应商代码	电话	地址	银行	联系人	法人代表
1	北京天天文具厂	10001	010-82677777	北京市上地产业园	工商银行北京分公司	李天天	李天天

图 5 – 24　【例 5.20】的查询结果

3. 排序查询结果

在 SQL 语句中，ORDER BY 子句用于排序。ORDER BY 子句总是在 WHERE 子句（如果有的话）后面说明的，可以包含一个或多个列，每个列之间以逗号分隔。可以选择使用 ASC 或 DESC 关键字指定按照升序或降序排序。如果没有特别说明，值是以升序列进行排序的，即默认情况下使用的是 ASC 关键字。

【例 5.21】　查询所有订单的订单编号和订货日期，并按订货日期由大到小的顺序输出。

```
SELECT 采购订单号,单据日期
FROM 采购订单头
ORDER BY 单据日期 DESC
```

查询结果如图 5 – 25 所示。

使用 ORDER BY 子句也可以根据两列或多列的结果进行排序，并用逗号分隔开不同的排序关键字。其实际排序结果是根据 ORDER BY 子句后面列名的顺序确定优先级的，即查询结果首先以第一列的顺序进行排序，而只有当第一列出现相同的信息时，这些相同的信息

	采购订单号	单据日期
1	DJ003	2015-02-03 00:00:00.000
2	DJ001	2014-05-09 00:00:00.000
3	DJ002	2013-02-03 00:00:00.000
4	DJ004	2009-02-03 00:00:00.000

图 5 – 25 【例 5.21】的查询结果

再按第二列的顺序进行排序,依此类推。

【例 5.22】 查询所有订单的订单编号和订货日期,并按订货日期由大到小的顺序输出。如果日期相同,则按照订单编号由小到大排序。

```
SELECT 采购订单号,单据日期
FROM 采购订单头
Order By 单据日期 desc,采购订单号
```

查询结果如图 5 – 26 所示。

4. 分组与汇总

1)聚合函数

聚合函数是 T – SQL 所提供的系统函数,可以返回一列、几列或全部列的汇总数据,用于计数或统计。这类函数(除 COUNT()外)

	采购订单号	单据日期
1	DJ003	2015-02-03 00:00:00.000
2	DJ001	2014-05-09 00:00:00.000
3	DJ002	2013-02-03 00:00:00.000
4	DJ004	2009-02-03 00:00:00.000

图 5 – 26 【例 5.22】的查询结果

仅用于数值型列,并且在列上使用聚合函数时,不考虑 NULL 值。

【例 5.23】 查询最早的采购订单和最晚的采购订单的日期。

```
SELECT MAX(单据日期)as 最晚日期,MIN(单据日期)as 最早日期
FROM 采购订单头
```

查询结果如图 5 – 27 所示。

	最晚日期	最早日期
1	2015-02-03 00:00:00.000	2009-02-03 00:00:00.000

图 5 – 27 【例 5.23】的查询结果

【例 5.24】 查询最早的采购订单的详细信息。

```
SELECT *
FROM 采购订单头
WHERE 单据日期 =(SELECT MIN(单据日期)FROM 采购订单头)
```

查询结果如图 5 – 28 所示。

	采购订单号	部门	单据日期	采购方式	供应商代码	单据类型	制单人
1	DJ004	1	2009-02-03 00:00:00.000	1	22001	2	1003

图 5 – 28 【例 5.24】的查询结果

2）分组汇总

使用聚合函数只返回单个汇总，而在实际应用中，更多时候需要进行分组汇总数据。使用 GROUP BY 子句可以进行分组汇总，为结果集中的每一行产生一个汇总值。GROUP BY 子句与聚合函数有密切关系，在某种意义上说，如果没有聚合函数，GROUP BY 子句也没有多大用处。

GROUP BY 关键字后面跟着的列名称为分组列，分组列中的值将被汇总为一行。

如果包含 WHERE 子句，则只对满足 WHERE 条件的行进行分组汇总。

【例 5.25】 统计每张订单的最高订货数量、最低订货数量、平均订货数量和总数量。

```
SELECT 采购订单号,MAX(订货数量),MIN(订货数量),AVG(订货数量),SUM(订货数量)
FROM 采购订单分录
GROUP BY 采购订单号
```

查询结果如图 5 - 29 所示。

	采购订单号	(无列名)	(无列名)	(无列名)	(无列名)
1	DJ001	300	1	102.75	411
2	DJ002	10	10	10	10
3	DJ004	200	200	200	200

图 5 - 29 【例 5.25】的查询结果

【例 5.26】 统计每张订单的最高订货数量、最低订货数量、平均订货数量和总数量，交货日期早于 2014 年的不参与统计。

```
SELECT 采购订单号,MAX(订货数量),MIN(订货数量),AVG(订货数量),SUM(订货数量)
FROM 采购订单分录
WHERE Year(交货日期) >2014
GROUP BY 采购订单号
```

查询结果如图 5 - 30 所示。

	采购订单号	(无列名)	(无列名)	(无列名)	(无列名)
1	DJ001	100	10	55	110
2	DJ002	10	10	10	10

图 5 - 30 【例 5.26】的查询结果

3）分组筛选

如果使用 GROUP BY 子句分组，则还可用 HAVING 子句对分组后的结果进行过滤筛选。HAVING 子句通常与 GROUP BY 子句一起使用，用于指定组或合计的搜索条件，其作用与 WHERE 子句相似，二者的区别如下：

（1）作用对象不同。WHERE 子句作用于表和视图中的行，而 HAVING 子句作用于形成的组。WHERE 子句限制查找的行，HAVING 子句限制查找的组。

（2）执行顺序不同。若查询语句中同时有 WHERE 子句和 HAVING 子句，执行时，先去掉不满足 WHERE 条件的行，然后分组，分组后再去掉不满足 HAVING 条件的组。

WHERE 子句中不能直接使用聚合函数，但 HAVING 子句的条件中可以包含聚合函数。

【例 5.27】 统计每张订单的最高订货数量、最低订货数量、平均订货数量和总数量，并输出平均数量大于 50 的信息。

```
SELECT 采购订单号,MAX(订货数量),MIN(订货数量),AVG(订货数量),SUM(订货数量)
FROM 采购订单分录
GROUP BY 采购订单号
HAVING  AVG(订货数量)>50
```

查询结果如图 5 – 31 所示。

	采购订单号	(无列名)	(无列名)	(无列名)	(无列名)
1	DJ001	300	1	102.75	411
2	DJ004	200	200	200	200

图 5 – 31 【例 5.27】的查询结果

5.1.3 连接查询

前面介绍的查询都是针对单一的表，而在数据库管理系统中，考虑到数据的冗余度、数据一致性等问题，通常对数据表的设计要满足范式的要求，因此这会造成一个实体的所有信息保存在多个表中。当检索数据时，往往在一个表中不能够得到想要的信息，通过连接操作，可以查询出存放在多个表中同一实体的不同信息，给用户带来很大的灵活性。

多表连接实际上就是使用一个表中的数据来选择另一个表中的行。连接条件则主要通过以下方法定义两个表在查询中的关联方式：

（1）指定每个表中要用于连接的列。典型的连接条件在一个表中的指定外键，在另一个表中指定与其关联的键。

（2）指定比较各列的值时要使用的比较运算符（"="" <"" >" 等）。

表的连接的实现可以通过两种方法：利用 SELECT 语句的 WHERE 子句；在 FROM 子句中使用 Join 关键字（Inner Join、Cross Join、Outer Join、Left Outer Join、Full Outer Join 等）。

【例 5.28】 查询所有购买了"鼠标"的订单的订单号、单价、订货数量和交货日期。

```
SELECT 采购订单号,单价,订货数量,交货日期
FROM 采购订单分录,物料
WHERE 采购订单分录.物料代码 = 物料.物料代码
AND 物料.物料名称 = '鼠标'
```

查询结果如图 5 – 32 所示。

	采购订单号	单价	订货数量	交货日期
1	DJ001	50	10	2015-10-09 00:00:00.000
2	DJ002	50	10	2015-10-10 00:00:00.000
3	DJ004	10	200	2013-10-10 00:00:00.000

图 5 – 32 【例 5.28】的查询结果

【例5.29】 查询所有订单的供应商代码、物料名称与订货数量。

```
SELECT 供应商.供应商代码,物料.物料名称,订货数量
FROM 采购订单头,采购订单分录,物料,供应商
WHERE 采购订单分录.物料代码 = 物料.物料代码
    AND 采购订单头.采购订单号 = 采购订单分录.采购订单号
    AND 采购订单头.供应商代码 = 供应商.供应商代码
```

查询结果如图5-33所示。

	供应商代码	物料名称	订货数量
1	10001	显示器	100
2	10001	鼠标	10
3	10001	鼠标	10
4	10001	键盘	300
5	22001	鼠标	200
6	10001	键盘	1

图5-33 【例5.29】的查询结果

在 SQL Server 中，也可以通过 AS 关键字为表定义别名，简洁明了。

【例5.30】 查询所有订单的供应商代码、物料名称与订货数量。

```
SELECT D.供应商代码,C.物料名称,订货数量
FROM 采购订单头 A,采购订单分录 B,物料 C,供应商 D
WHERE B.物料代码 = C.物料代码
    AND   A.采购订单号 = B.采购订单号
    AND   A.供应商代码 = D.供应商代码
```

查询结果如图5-34所示。

	供应商代码	物料名称	订货数量
1	10001	显示器	100
2	10001	鼠标	10
3	10001	鼠标	10
4	10001	键盘	300
5	22001	鼠标	200
6	10001	键盘	1

图5-34 【例5.30】的查询结果

在 SELECT 语句的 FROM 子句中，通过指定不同类型的 Join 关键字可以实现不同的表的连接方式，而在 ON 关键字后指定连接条件。

【例5.31】 查询所有订单的物料代码、物料名称和订货数量。

```
SELECT 物料.物料代码,物料.物料名称,订货数量
FROM 采购订单分录
Inner Join 物料 ON 采购订单分录.物料代码＝物料.物料代码
```

查询结果如图 5 - 35 所示。

	物料代码	物料名称	订货数量
1	2001	显示器	100
2	2002	鼠标	10
3	2002	鼠标	10
4	2003	键盘	300
5	2002	鼠标	200
6	2003	键盘	1

图 5 - 35 【例 5.31】的查询结果

【例 5.32】 从订单分录表中查询单笔交易金额大于 200 的供应商的信息。

```
SELECT DISTINCT B.*
FROM 采购订单头 AS A
Inner Join 供应商 AS B   ON A.供应商代码＝B.供应商代码
Inner Join 采购订单分录 AS C On A.采购订单号＝C.采购订单号 AND   C.订货数量
>200
```

查询结果如图 5 - 36 所示。

	供应商名称	供应商代码	电话	地址	银行	联系人	法人代表
1	北京天天文具厂	10001	010-82677777	北京市上地产业园	工商银行北京分公司	李天天	李天天

图 5 - 36 【例 5.32】的查询结果

【例 5.33】 查询所有供应商的订单信息。

```
SELECT 供应商.供应商名称,采购订单头.*
FROM 供应商
Left Outer Join 采购订单头
ON 采购订单头.供应商代码＝供应商.供应商代码
```

查询结果如图 5 - 37 所示。

	供应商名称	采购订单号	部门	单据日期	采购方式	供应商代码	单据类型	制单人
1	北京天天文具厂	DJ001	1	2014-05-09 00:00:00.000	1	10001	1	1001
2	北京天天文具厂	DJ002	1	2013-02-03 00:00:00.000	1	10001	1	1001
3	上海名仕电脑有限公司	NULL	NULL	NULL	NULL	NULL	NULL	NULL
4	天津心心文具厂	DJ003	1	2015-02-03 00:00:00.000	1	22001	1	1003
5	天津心心文具厂	DJ004	1	2009-02-03 00:00:00.000	1	22001	2	1003

图 5 - 37 【例 5.33】的查询结果

【**例 5.34**】 查询所有订单的供货商信息。

```
SELECT 采购订单头.*,供应商.供应商名称
FROM 供应商
Right Outer Join 采购订单头 ON 采购订单头.供应商代码 = 供应商.供应商代码
```

查询结果如图 5 - 38 所示。

	采购订单号	部门	单据日期	采购方式	供应商代码	单据类型	制单人	供应商名称
1	DJ001	1	2014-05-09 00:00:00.000	1	10001	1	1001	北京天天文具厂
2	DJ002	1	2013-02-03 00:00:00.000	1	10001	1	1001	北京天天文具厂
3	DJ003	1	2015-02-03 00:00:00.000	1	22001	1	1003	天津心心文具厂
4	DJ004	1	2009-02-03 00:00:00.000	1	22001	2	1003	天津心心文具厂

图 5 - 38 【例 5.34】的查询结果

5.1.4 嵌套查询

所谓嵌套查询指的是在一个 SELECT 查询语句中包含另一个（或多个）SELECT 查询语句。其中，外层的 SELECT 查询语句叫外部查询，内层的 SELECT 查询语句叫子查询。

嵌套查询的执行过程：首先执行子查询语句，得到的子查询结果集传递给外层主查询语句，作为外层主查询的查询项或查询条件使用。子查询也可以再嵌套子查询。

1. 单列单值嵌套查询

【**例 5.35**】 查询购买"键盘"的订单头信息。

```
SELECT *
FROM 采购订单分录
WHERE 采购订单分录.物料代码 =
(SELECT 物料代码 FROM 物料 WHERE 物料名称 = '键盘')
```

查询结果如图 5 - 39 所示。

	分录号	采购订单号	物料代码	订货数量	单价	金额	单位	交货日期	备注
1	4	DJ001	2003	300	10	3000	个	2014-01-10 00:00:00.000	NULL
2	6	DJ001	2003	1	10	10	件	NULL	暂无交货日期

图 5 - 39 【例 5.35】的查询结果

【**例 5.36**】 查询订单记录中比订单号为"DJ002"的订单的订货日期早的订单的信息。

```
SELECT  *
FROM 采购订单头
WHERE 单据日期 <
```

```
(   SELECT 单据日期
    FROM 采购订单头
    WHERE 采购订单号 = 'DJ002'
)
```

查询结果如图 5 – 40 所示。

	采购订单号	部门	单据日期	采购方式	供应商代码	单据类型	制单人
1	DJ004	1	2009-02-03 00:00:00.000	1	22001	2	1003

图 5 – 40 【例 5.36】的查询结果

2. 单列多值嵌套查询

【例 5.37】 查询所有 "北京天天文具厂" 的订单信息。

```
SELECT * FROM 采购订单头
WHERE 供应商代码 in
(   SELECT 供应商代码 FROM 供应商
    WHERE 供应商名称 = '北京天天文具厂'
)
```

查询结果如图 5 – 41 所示。

	采购订单号	部门	单据日期	采购方式	供应商代码	单据类型	制单人
1	DJ001	1	2014-05-09 00:00:00.000	1	10001	1	1001
2	DJ002	1	2013-02-03 00:00:00.000	1	10001	1	1001

图 5 – 41 【例 5.37】的查询结果

【例 5.38】 查询其他供应商中比 "北京天天文具厂" 的某一订单订货时间早的订单。

```
SELECT * FROM 采购订单头
WHERE 单据日期 < any(
  SELECT 单据日期  FROM 采购订单头
  WHERE 供应商代码 in
      (
        SELECT 供应商代码 FROM 供应商 WHERE 供应商名称 = '北京天天文具厂'
      )
  )
AND 供应商代码 Not In
(
    SELECT 供应商代码 FROM 供应商 WHERE 供应商名称 = '北京天天文具厂'
  )
```

查询结果如图 5 – 42 所示。

	采购订单号	部门	单据日期	采购方式	供应商代码	单据类型	制单人
1	DJ004	1	2009-02-03 00:00:00.000	1	22001	2	1003

图 5 - 42　【例 5.38】的查询结果

【例 5.39】　查询所有"天津心心文具厂"的订单信息。

```
SELECT * FROM 采购订单头
WHERE exists
  (
  SELECT * FROM 供应商
  WHERE 采购订单头.供应商代码 = 供应商代码 AND 供应商名称 = '天津心心文具厂'
  )
```

查询结果如图 5 - 43 所示。

	采购订单号	部门	单据日期	采购方式	供应商代码	单据类型	制单人
1	DJ003	1	2015-02-03 00:00:00.000	1	22001	1	1003
2	DJ004	1	2009-02-03 00:00:00.000	1	22001	2	1003

图 5 - 43　【例 5.39】的查询结果

【例 5.40】　查询不是来自"天津心心文具厂"的订单信息。

```
SELECT * FROM 采购订单头
WHERE not exists
(
  SELECT * FROM 供应商
  WHERE 采购订单头.供应商代码 = 供应商代码 AND 供应商名称 = '天津心心文具厂'
)
```

查询结果如图 5 - 44 所示。

	采购订单号	部门	单据日期	采购方式	供应商代码	单据类型	制单人
1	DJ001	1	2014-05-09 00:00:00.000	1	10001	1	1001
2	DJ002	1	2013-02-03 00:00:00.000	1	10001	1	1001

图 5 - 44　【例 5.40】的查询结果

5.1.5　集合查询

如果有多个不同的查询结果数据集，但又希望将它们按照一定的关系连接在一起，组成一组数据，这就可以使用集合运算来实现。在 SQL Server 中，T - SQL 提供的集合运算符有 Union、Except 和 Intersect。

【例 5.41】　查询所有数量大于"100"或者金额大于"2500"的订单头信息。

```
SELECT * FROM 采购订单分录
WHERE 订货数量 >100
Union
SELECT* FROM 采购订单分录
WHERE 金额 >2500
```

查询结果如图 5 – 45 所示。

	分录号	采购订单号	物料代码	订货数量	单价	金额	单位	交货日期	备注
1	1	DJ001	2001	100	50	5000	块	2015-09-09 00:00:00.000	NULL
2	4	DJ001	2003	300	10	3000	个	2014-01-10 00:00:00.000	NULL
3	5	DJ004	2002	200	10	2000	个	2013-10-10 00:00:00.000	NULL

图 5 – 45 【例 5.41】的查询结果

【例 5.42】 查询所有数量大于 "100"，但是金额不大于 "2500" 的订单头信息。

```
SELECT * FROM 采购订单分录
WHERE 订货数量 >100
Except
SELECT* FROM 采购订单分录
WHERE 金额 >2500
```

查询结果如图 5 – 46 所示。

	分录号	采购订单号	物料代码	订货数量	单价	金额	单位	交货日期	备注
1	5	DJ004	2002	200	10	2000	个	2013-10-10 00:00:00.000	NULL

图 5 – 46 【例 5.42】的查询结果

【例 5.43】 查询所有数量大于 "100" 且金额大于 "2500" 的订单头信息。

```
SELECT * FROM 采购订单分录
WHERE 订货数量 >100
Intersect
SELECT* FROM 采购订单分录
WHERE 金额 >2500
```

查询结果如图 5 – 47 所示。

	分录号	采购订单号	物料代码	订货数量	单价	金额	单位	交货日期	备注
1	4	DJ001	2003	300	10	3000	个	2014-01-10 00:00:00.000	NULL

图 5 – 47 【例 5.43】的查询结果

5.2 管理数据表

创建表的目的在于利用表进行数据的存储和管理。对数据进行管理的前提是数据的存储，向表中添加数据，没有数据的表是没有任何实际意义的；添加完成后，用户也可以根据自己的需要对表中数据进行修改和删除。

在 SQL Server 中，对数据的管理（包括插入、修改和删除）通过 SSMS 来操作，也可以利用 T – SQL 语句来实现。

5.2.1　插入数据

1. 以界面方式插入数据

利用对象资源管理器插入表数据

（1）启动 SQL Server Management Studio。

（2）展开 SQL Server 实例，选择"表"，单击鼠标右键，然后从弹出的快捷菜单中选择"编辑前 200 行"命令，如图 5 – 48 所示。

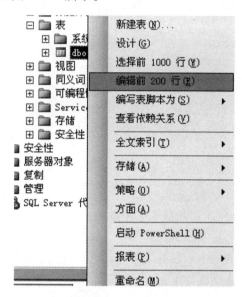

图 5 – 48　选择"编辑前 200 行"命令

（3）在表窗口中，显示出当前表中数据，单击表格中的最后一行，填写相应数据信息，如图 5 – 49 所示。

	stu_id	name	birthday	sex	address	ma
❶	2007070101	张元	NULL	NULL	NULL	NUL
▶*	NULL	NULL	NULL	NULL	NULL	NUL

图 5 – 49　填写数据信息

2. 以命令方式插入数据

1）用 INSERT INTO 语句插入一条数据

插入一条数据的基本语法结构如下：

```
INSERT INTO <table_name>[(<column_name>[,<column_name>…])]
VALUES(<expression>[,<expression>…])
```

参数说明如下：

（1）table_name：表名。

（2）column_name：列名。

（3）expression：对应字段的值或表达式，字符和日期型需要加单引号。

已知物料数据表结构为"物料（物料代码，物料名称，物料类别，计量单位）"。

【例5.44】 向物料表中插入一个完整的元组。

```
INSERT INTO 物料 VALUES('2011','键盘','1',10)
```

【例5.45】 向物料表中插入一个不完整的元组。

```
INSERT INTO 物料(物料代码,物料名称)VALUES('2021','显示器')
```

注意事项

（1）新插入记录应与表结构定义匹配。

（2）列名项数与提供值的数目应匹配。

（3）可以指定列值为 NULL。

（4）INTO 子句中没有出现的属性列，新记录在这些列上将取空值（NULL）或默认值。

（5）如果 INTO 子句中没有指明任何列名，则新插入的记录必须在每个属性列上均有值，且顺序应与表中属性列的顺序一致。

2）用 INSERT INTO SELECT 语句插入多条数据

在 SQL Server 中，可以通过 INSERT INTO SELECT 语句从一个表复制多条记录，然后把数据记录插入到一个已存在的表中。目标表中任何已存在的数据都不会受影响。

插入多条元组的基本语法结构如下：

```
INSERT INTO <table_name>[(<column_name>[,<column_name>…])]
SELECT 子句
```

参数说明如下：

（1）table_name：表名。

（2）column_name：列名。

【例5.46】 创建一张新的物料表：物料2（物料代码，物料名称，计量单位），将物料类别为2的物料插入到这张新表中。

```
USE PO
GO
CREATE TABLE 物料2
(
  物料代码 INT IDENTITY(100,1),
```

```
  物料名称 NVARCHAR(50)NOT NULL,
  计量单位 NVARCHAR(20)
)
GO
INSERT INTO 物料 2
SELECT 物料代码,物料名称,计量单位
FROM 物料
WHERE 物料类别 =2
```

3）用 SELECT INTO 语句插入数据到新表

SQL Server 还提供了 SELECT INTO 语句将已有表中的多条数据插入到另一个表中。

插入数据到新表的基本语法结构如下：

```
SELECT <column_name >[, <column_name >…]
INTO <new_table_name >
FROM table_source
[WHERE search_condition]
```

参数说明如下：

（1）column_name：列名。

（2）new_table_name：插入的新表的名称。

（3）table_source：用于指定数据源，即使用的列所在的表或视图。如果对象不止一个，那么它们之间必用逗号分开。

（4）search_condition：指定用于限制返回的行的搜索条件。如果 SELECT 语句中没有 WHERE 子句，DBMS 假设目标表中的所有行都满足搜索条件。

已知物料数据表结构为"物料（物料代码，物料名称，物料类别，计量单位）"。

【例 5.47】 将物料表中物料类别为 1 的物料插入到新表"物料类别表 2"中。

```
SELECT 物料代码,物料名称,物料类别,计量单位
INTO 物料类别表 2
FROM 物料
WHERE 物料类别 =1
```

注意事项

（1）使用 SELECT INTO 语句将把表的数据保存并插入到一张新表中，这张新表在数据库中并不存在。

（2）SELECT INTO 语句会创建这个新表。

（3）如果这个表已经存在，那么操作就会失败。

5.2.2 修改数据

1. 利用对象资源管理器修改数据

利用对象资源管理器修改表数据，与插入表数据操作类似。

2. 以命令方式修改数据

修改数据的基本语法结构如下：

```
UPDATE <table_name>[(<column_name>[,<column_name>…])]
SET <column_name>=<expression>[,<column_name>=<expression>]…
[[FROM <table_name>]WHERE <search_condition>]
```

参数说明如下：

（1）table_name：表名。

（2）column_name：列名。

（3）expression：对应字段的值或表达式，字符和日期类型需加单引号。

（4）FROM 子句：列出涉及的表名，并且在后面的 WHERE 子句中给出多表连接语句。

（5）search_condition：指定用于限制返回的行的搜索条件。

【例 5.48】 给采购订单分录中的订货数量都增加 10。

```
UPDATE 采购订单分录
SET 订货数量=订货数量+10
```

【例 5.49】 给采购订单分录中单价大于 40 的记录的订货数量都增加 10。

```
UPDATE 采购订单分录
SET 订货数量=订货数量+10
WHERE 单价>40
```

【例 5.50】 将物料编号为 2001 的物料的名称、类型分别设置为（键盘，2）。

```
UPDATE 物料
SET 物料名称='键盘',物料类别='2'
WHERE 物料代码='2001'
```

【例 5.51】 给含有名称为"键盘"的物料的采购订单分录的订货数量都增加 10。

```
UPDATE 采购订单分录
SET 订货数量=订货数量+10
WHERE 物料代码=
  (SELECT 物料代码 FROM 物料
     WHERE 物料名称='键盘')
或者
UPDATE 采购订单分录
```

```
SET 订货数量 = 订货数量 + 10
FROM 采购订单分录,物料
WHERE 采购订单分录.物料代码 = 物料.物料代码
AND 物料.物料名称 = '键盘'
```

注意事项

（1）一次可以更新多个属性的值；

（2）更新的条件可以与其他的表相关（使用 FROM 指定）；

（3）如果省略 WHERE 语句，则表示要修改表中的所有记录。

5.2.3　删除数据

1. 利用对象资源管理器删除数据

在需要删除的记录前单击鼠标右键，选择"删除"即可。

2. 以命令方式删除数据

删除数据的基本语法结构如下：

```
DELETE
FROM < table_name >
WHERE < search_condition >
```

参数说明如下：

（1）table_name：表名。

（2）FROM 子句：列出涉及的表名，并且在后面的 WHERE 子句中给出多表连接语句。

（3）search_condition：指定用于限制返回的行的搜索条件。

【例 5.52】　删除供应商表中"北京天天文具厂"的信息。

```
DELETE FROM 供应商
WHERE 供应商名称 = '北京天天文具厂'
```

【例 5.53】　删除含有名称为"北京天天文具厂"的供应商的所有采购订单的信息。

```
DELETE
FROM 供应商,采购订单头
WHERE 供应商.供应商代码 = 采购订单头.供应商代码
AND 供应商.供应商名称 = '北京天天文具厂'
```

注意事项

（1）如果没有指定删除条件，则删除表中的全部元组，所以在使用该命令时要格外小心。

（2）DELETE 命令只删除元组，它不删除表或表结构。

5.3 实 训

实验目的：

（1）掌握 SQL Server 数据库对象的管理方法；

（2）进一步了解 SQL Server 数据库的创建，数据表的创建，视图、索引以及约束的管理。

实训 5－1 【创建测试数据】

连接第 4 章的产品销售数据库 PO，并插入测试数据。

insert 员工人事表 values（'E0001','王华','男','业务','经理','1976 – 10 – 13','1951 – 08 – 01', 8000,'0218120440','上海市'）

insert 员工人事表 values（'E0003','陈强','男','会计','科长','1986 – 09 – 15','1963 – 06 – 09', 4800,'0255344441','南京市'）

insert 员工人事表 values（'E0014','周梅','女','业务','职员','1996 – 03 – 01','1970 – 03 – 28', 3200,'0218128079','上海市'）

insert 员工人事表 values（'E0009','陈建','男','管理','科长','1987 – 04 – 15','1967 – 09 – 01', 4500,'0224507863','天津市'）

insert 员工人事表 values（'E0017','林光','男','业务','职员','1995 – 10 – 13','1973 – 08 – 17', 3000,'0218344560','上海市'）

insert 员工人事表 values（'E0006','李珠','女','管理','经理','1988 – 01 – 01','1961 – 07 – 12', 6000,'0106750321','北京市'）

insert 员工人事表 values（'E0002','李敬','男','人事','科长','1980 – 09 – 15','1958 – 05 – 13', 8000,'0207180787','广州市'）

insert 员工人事表 values（'E0010','王成','男','信息','职员','1993 – 02 – 15','1969 – 04 – 15', 4500,'0106543475','北京市'）

insert 员工人事表 values（'E0013','陈华','男','业务','职员','1993 – 02 – 15','1966 – 07 – 01', 4300,'0224506541','天津市'）

insert 员工人事表 values（'E0008','刘小刚','男','业务','职员','1994 – 11 – 01','1968 – 08 – 01', 4000,'0218128727','上海市'）

insert 员工人事表 values（'E0005','李珊','女','会计','职员','1990 – 03 – 20','1967 – 04 – 25', 3800,'0218344787','上海市'）

insert 员工人事表 values（'E0011','李蓉','女','人事','职员','1994 – 11 – 01','1970 – 11 – 18', 3000,'0811545412','重庆市'）

insert 员工人事表 values（'E0012','蔡文','男','制造','厂长','1984 – 08 – 15','1960 – 07 – 21', 5000,'0218120636','上海市'）

insert 员工人事表 values（'E0015','张山','男','制造','职员','1993 – 12 – 15','1968 – 09 – 23', 3500,'0218344472','上海市'）

insert 员工人事表 values（'E0007','吴雄','男','信息','科长','1989 – 10 – 01','1965 –

04 - 18′, 5000,′0277758521′,′武汉市′)

　　insert 员工人事表 values ('E0016','方美','女','业务','职员','1992 - 05 - 20','1966 -
06 - 23′, 4000,′0218507470′,′上海市′)

　　insert 员工人事表 values ('E0004','刘兴','男','制造','经理','1984 - 05 - 01','1960 -
05 - 23′, 6000,′0218506110′,′上海市′)

　　insert 员工人事表 values ('E0019','王华','男','信息','经理','1985 - 09 - 15','1959 -
03 - 24′, 6000,′0218128091′,′上海市′)

　　insert 员工人事表 values ('E0020','陈旺','男','业务','职员','1992 - 08 - 01','1964 -
05 - 12′, 4000,′0224120477′,′天津市′)

　　insert 员工人事表 values ('E0018','林正','男','管理','总经理','1974 - 10 - 01','1953 -
05 - 04′, 10000,′0218120564′,′上海市′)

　　insert 客户表 values ('C0001','蓝海股份有限公司','上海市','电话甲','100')

　　insert 客户表 values ('C0002','绿色原野股份有限公司','天津市','电话乙','400')

　　insert 客户表 values ('C0003','华兴股份有限公司','北京市','电话丙','800')

　　insert 客户表 values ('C0004','金色阳光股份有限公司','上海市','电话丁','104')

　　insert 客户表 values ('C0005','北京保利股份有限公司','北京市','电话戊','803')

　　insert 客户表 values ('C0006','上海华为科技有限公司','上海市','电话己','103')

　　insert 客户表 values ('C0007','上海东方有限公司','上海市','电话庚','102')

　　insert 销售主表 values (10002,′ C0002′,′ E0013′, 22700.00,′ 1996 - 11 - 10′,
′I000000002′)

　　insert 销售主表 values (10003,′ C0003′,′ E0014′, 13960.00,′ 1996 - 10 - 15′,
′I000000003′)

　　insert 销售主表 values (10004,′ C0003′,′ E0014′, 33000.00,′ 1996 - 11 - 10′,
′I000000004′)

　　insert 销售主表 values (10001,′ C0001′,′ E0008′, 60000.00,′ 1996 - 11 - 10′,
′I000000001′)

　　insert 销售主表 values (10007,′ C0007′,′ E0008′, 20000.00,′ 1996 - 11 - 10′,
′I000000008′)

　　insert 产品名称表 values ('P0001','内存', 2600)

　　insert 产品名称表 values ('P0002','显示器', 6500)

　　insert 产品名称表 values ('P0003','硬盘', 5300)

　　insert 产品名称表 values ('P0004','光驱', 1600)

　　insert 产品名称表 values ('P0005','键盘', 500)

　　insert 产品名称表 values ('P0006','显卡', 1000)

　　insert 产品名称表 values ('P0007','网卡', 800)

　　insert 产品名称表 values ('P0008','CPU', 4800)

　　insert 产品名称表 values ('P0009','打印机', 1200)

　　insert 产品名称表 values ('P0010','刻录机', 2000)

　　insert 产品名称表 values ('P0011','电子字典', 600)

insert 产品名称表 values（'P0012'，'路由器'，400）

insert 产品名称表 values（'P0013'，'主板'，1000）

insert 销货明细表 values（10001，'P0001'，5，2500.00，'2016 – 10 – 22'）

insert 销货明细表 values（10001，'P0002'，3，6500.00，'2016 – 10 – 22'）

insert 销货明细表 values（10001，'P0003'，2，5300.00，'2016 – 10 – 22'）

insert 销货明细表 values（10001，'P0004'，2，1600.00，'2016 – 10 – 22'）

insert 销货明细表 values（10002，'P0001'，3，2600.00，'2016 – 11 – 10'）

insert 销货明细表 values（10002，'P0003'，1，5300.00，'2016 – 11 – 10'）

insert 销货明细表 values（10002，'P0008'，2，4800.00，'2016 – 11 – 10'）

insert 销货明细表 values（10003，'P0001'，4，2700.00，'2016 – 10 – 15'）

insert 销货明细表 values（10003，'P0004'，2，1580.00，'2016 – 10 – 15'）

实训 5 – 2 【SQL 语句训练】

请用 SQL 语句完成下面的题目：

（1）查询所有住址中含有"京"的男员工的电话。

（2）查询每个雇员在本公司的工龄。

（3）查询业务部或人事部的所有员工的信息。

（4）查询薪水为 2 000 ~ 3 000 的员工的信息。

（5）查询比所有业务部的员工薪水都高的员工的姓名。

（6）查询业务部年龄最大的员工的姓名和年龄。

（7）查询业务部员工的最高薪和最低薪。

（8）哪个部门的员工人数最多？请找出该部门的部门名称。

（9）统计各部门薪水在 2 500 以上的员工的人数。

（10）对员工表选择姓名、部门，只返回结果集的前 5 行。

（11）降低已售出的数量总和超过 5 件的商品单价为原价的 95%。

5.4 习　　题

一、填空题

1. SQL 语句中条件短语的关键字是____。

2. 在 SELECT 语句中，____子句根据列的数据对查询结果进行排序。

3. 联合查询指使用____运算将多个____合并到一起。

4. 一个 SELECT 子查询的结果作为查询的条件，即在一个 SELECT 语句的 WHERE 子句中出现另一个 SELECT 语句，这种查询称为____查询。

5. 在 SELECT 语句中，定义一个区间范围的特殊运算符是____，检查一个属性值是否属于一组值中的特殊运算符是____。

6. 已知"出生日期"求"年龄"的表达式是____。

7. 语句"SELECT * FROM 成绩表 WHERE 成绩 >（SELECT Avg（成绩）FROM 成绩

表）"的功能是____。

8. 采用____操作时，查询结果中包括连接表中的所有数据行。

二、单项选择题

1. 在 SELECT 语句中，需显示的内容使用 "＊"，其表示____。

A. 选择任何属性　　　　B. 选择所有属性　　　　C. 选择所有元组　　　　D. 选择主键

2. 查询时要去掉重复的元组，则在 SELECT 语句中使用____。

A. All　　　　　　　　B. UNION　　　　　　　C. LIKE　　　　　　　D. DISTINCT

3. 使用 SELECT 语句进行分组检索时，为了去掉不满足条件的分组，应当____。

A. 使用 WHERE 子句

B. 在 GROUP BY 后面使用 HAVING 子句

C. 先使用 WHERE 子句，再使用 HAVING 子句

D. 先使用 HAVING 子句，再使用 WHERE 子句

三、设计题

用 SQL 语言完成以下数据操作：

1. 向 Student 表中插入一条记录（′200501′,′李勇′）。

2. 将数据表 Student 中学号为 200215121 的记录的性别及所在系的字段值改为（女，IS）。

3. 将数据表 SC 中所有记录的成绩的字段值增加 10%。

4. 将数据表 Student 中姓 "王" 的记录年龄增加 1。

5. 将表 SC 中选修课程号为 1 的记录的成绩字段值增加 10，将其他记录的成绩字段值增加 5。

6. 将数据表 Student 中学号为 2005001 的记录删除。

7. 将数据表 Student 中性别不为 "女" 的记录删除。

8. 将数据表 Student 中院系为 NULL 的记录删除。

9. 将数据表 Student 中 CS 系年龄小于 20 的男同学的记录删除。

四、课后提高题

1. 将员工信息按部门编号排序，并产生一个汇总行，汇总各部门人数。

2. 用 INTERSECT 查询性别为 "男" 但是不姓 "李" 的员工的信息。

3. 使用 UNION 查询姓 "张" 和姓 "王" 的员工的信息。

4. 使用 EXCEPT 查询性别为 "男" 而且姓 "李" 的员工的信息。

5. 工资表的信息按照如下规则转换后输入：收入超过 2 500 改为 "高收入"，收入介于 2 000 和 2 500 之间改为 "中等收入"，收入低于 2 000 改为 "低收入"。

第六章

T – SQL 语言基础及应用

📖 **本章学习目标**

　　本章介绍 T – SQL 语言的语法基础与应用，包括 T – SQL 的语法基础、流程控制语句、函数以及一些高级的操作。通过对本章的学习，读者应掌握 T – SQL 的基本语法，掌握变量与函数的使用、流程控制语句的使用，了解事务的基本概念。

📚 **学习要点**

- ☑ T – SQL 语法基础；
- ☑ 如何使用数据的各种类型；
- ☑ 变量和常量的应用；
- ☑ 批处理和注释的应用；
- ☑ 各种流程控制语句的应用；
- ☑ 函数的意义及使用；
- ☑ 事务。

6.1　T – SQL 语法基础

　　Transact – SQL 是微软公司对标准结构化查询语言的实现，简称为 T – SQL，但通常也称为 SQL。这个语言实现了访问数据库问题的一种标准化方式。本章主要介绍 T – SQL 的一些基础知识，为后续章节的深入学习奠定基础。

　　在 Microsoft SQL Server 系统中，根据 T – SQL 语言的功能特点，可以把 T – SQL 语言分为 5 种类型，即数据定义语言（Data Definition Language，DDL）、数据操纵语言（Data Manipulation Language，DML）、数据控制语言（Data Control Language，DCL）、事务管理语言（Transaction Management Language，TML）和附加的语言元素。

　　附加的语言元素主要包括标识符、变量和常量、运算符、表达式、数据类型、函数、控制流语言、错误处理语言、注释等。

　　结构化查询语言（Structure Query Language，SQL）是国际化组织（International Standardize Organization，ISO）所采纳的标准数据库语言。许多数据库供应商把 SQL 语言作为自己数据库的操作语言，并且在此标准的前提下进行了不同程度的扩展。

　　T – SQL 语言是微软公司在关系型数据库管理系统 Microsoft SQL Server 中的 ISO SQL 的实现。通过 T – SQL 语言，用户几乎可以完成 SQL Server 数据库中的所有操作。

6.1.1　标　识　符

标识符用来标识 SQL Server 中的服务器、数据库和数据库对象（例如表、视图、列、索引、触发器、过程、约束及规则等）。大多数对象要求有标识符，但对有些对象（例如约束），标识符是可选的。

1. 标识符的种类

标识符有两种：常规标识符和分隔标识符。

1）常规标识符

其符合标识符的格式规则。在 T－SQL 语句中使用常规标识符时不用将其分隔开。

【例6.1】　常规标识符示例。

```
SELECT *
FROM TableN
WHERE KeyCol =666
```

2）分隔标识符

其包含在双引号（"）或者方括号（［］）内。

在 T－SQL 语句中，必须对不符合所有标识符规则的标识符进行分隔。

【例6.2】　分隔标识符示例。

```
SELECT *
FROM [My Table]              --标识符包含空格、使用保留关键字(Table)。
WHERE [order]=10             --标识符为保留关键字(order)。
```

常规标识符和分隔标识符包含的字符数都必须在 1 到 128 之间。对于本地临时表，标识符最多可以有 116 个字符。

2. 常规标识符规则

（1）第一个字符要求。

第一个字符必须是所有统一码标准中规定的字符，包括 26 个英文字母 a ~ z 和 A ~ Z，以及一些语言字符，如汉字等，或者下划线 "_" "@" "#"。

注意事项

在 SQL Server 中，某些位于标识符开头位置的符号具有特殊意义。

（1）以 "@" 符号开头的常规标识符始终表示局部变量或参数，并且不能用作任何其他类型的对象的名称。以一个数字符号开头的标识符表示临时表或过程。

（2）以两个数字符号（##）开头的标识符表示全局临时对象。

（3）虽然数字符号或两个数字符号字符可用作其他类型对象名的开头，但是建议不要这样做。

（4）某些 T－SQL 函数的名称以两个 "@" 符号开头（@@）。为了避免与这些函数混淆，不应使用以 "@@" 开头的名称。

（2）后续字符要求。

后续字符应为所有统一码标准中规定的字符，或者 26 个英文字母 a～z 和 A～Z，以及一些其他的语言字符，如汉字等。它还包括一些特殊的符号如下划线 "_" "@" "#" "$"，以及 0、1、2、3、4、5、6、7、8、9。

（3）标识符必须不能是 T-SQL 保留字。由于 SQL Server 中是不区分大、小写字母的，所以无论是保留的大写还是小写都是不允许使用的。

在 T-SQL 语句中使用标识符时，不符合这些规则的标识符必须由双引号或括号分隔。

（4）不允许嵌入空格或特殊字符。

6.1.2　常量

常量也称为文字值或标量值，是表示一个特定数据值的符号。常量的格式取决于它所表示的值的数据类型。

1. 字符串常量

字符串常量代表特定的一串字符，在使用时用单引号括起来。

【例 6.3】　字符串常量示例。

```
'Hello'
'计算机'
```

如果字符串中要包含单引号，则使用两个单引号表示。

【例 6.4】　字符串常量示例。

```
'He say:''Hello! '''
```

可以在字符串内包含字母和数字字符（a～z、A～Z 和 0～9）以及特殊的字符，例如感叹号（!）、at 字符（@）和数据号（#）。

2. Unicode 字符串常量

Unicode 字符串也属于字符串的一种表达形式，它的格式与普通的字符串类似，不同的是在使用时前面加上一个 N 标识符（N 必须为大写）。

【例 6.5】　Unicode 字符串常量示例。

```
N'Hello'
N'计算机'
```

3. 整型常量

根据进制不同，整型又可以分为十进制常量、二进制常量和十六进制常量。其中十进制常量以普通的整数表示。二进制常量即数字 0 和 1。十六进制常量在使用时加上前缀 0x。

【例 6.6】　整型常量示例。

```
200             /* 十进制数*/
-2958           /* 十进制数*/
```

```
0                    /* 十进制数,也可以认为是二进制数,二者在数值上相等。*/
0xE5f                /* 十六进制数,代表十进制 24738*/
0x60A2               /* 十六进制数,代表十进制 3679*/
```

4. 实型常量

实型常量是包含有小数点的数字，分为定点表示和浮点表示两种。

【例6.7】 实型常量示例。

```
32.50                /* 定点表示的实型常量*/
25.8E4               /* 浮点表示的实型常量,其值为 25.8×104*/
3.2E-2               /* 浮点表示的实型常量,其值为 3.2×10-2*/
```

5. 日期时间常量

使用特定格式的日期值字符来表示日期和时间常量。在使用时用单引号引起来。在 SQL Server 中系统可以识别多种格式的日期时间常量。

【例6.8】 日期时间常量示例。

```
'2007-01-01'              /* 数字日期格式*/
'3/12/1995'               /* 数字日期格式*/
'February 2,2000'         /* 字母日期格式*/
'20050825'                /* 未分割的字符串日期格式*/
'12:00:00'                /* 时间格式*/
'05:30:PM'                /* 时间格式*/
'2007-10-10 08:40:30'     /* 日期时间格式*/
```

6. 货币常量

货币常量代表货币的多少，通常采用整型或者实型常量加上"$"前缀构成。

【例6.9】 货币常量示例。

```
$1234.56
-$200
```

7. 唯一标识常量

唯一标识常量是用于表示全局唯一标识符（GUID）的字符串，可以使用字符或者二进制字符串指定。

【例6.10】 唯一标识常量示例。

```
'6A526F-88C635-DA94-0035C4100FC'
'0xfa35998cc44abe3e60028d5daf279ff'
```

6.1.3 变量

变量对于一种语言是必不可少的一部分。与常量不同，变量对应内存中的一个存储空间。变量的值在程序执行过程中随时可能发生改变。

1. 变量有两种形式

1）系统提供的全局变量

全局变量是由系统定义的，是在整个 SQL Server 实例内都能访问到的变量。全局变量以一个"@@"符号开头。用户只能访问而不能赋值。

2）用户自定义的局部变量

局部变量由用户定义，其只在一个批处理内有效。局部变量以一个"@"符号开头，由用户自己定义和赋值。赋值时用 SELECT 语句或 SET 语句。

局部变量必须先定义后使用，用 DECLARE 语句声明 T – SQL 的变量，在声明的同时可以指定变量的名字（必须以"@"开头）、数据类型和长度，并同时将该变量的值设置为 NULL。

如果要为变量赋值，可使用 SET 语句直接赋值，或者使用 SELECT 语句将列表中当前所引用的值为变量赋值。下面通过几个具体的例子说明局部变量的声明和赋值。

【例 6.11】　下面的语句创建了 int 类型的局部变量，其名字为"@ var"，由于没有为该变量赋值，该变量的初始值为 NULL。

```
DECLARE @var int
```

可以用 DECLARE 语句依次声明多个变量，各个变量之间用逗号","隔开，见【例 6.12】。

【例 6.12】　下面的语句创建了 3 个局部变量，名称分别为"@ var1""@ var2""@ var3"，并用 SET 语句分别为 3 个变量赋值。

```
DECLARE @var1 NVARCHAR(10),@var2 NCHAR(5),@var3 INT
SET  @var1 = 'red'
SET  @var2 = 'yellow'
SET  @var3 = 10
```

为变量赋值后，可以用 SELECT 语句查看变量的值，见【例 6.13】。

【例 6.13】　下面的语句创建变量并赋值，然后用 SELECT 语句返回该变量的值。

```
DECLARE @xuehao INT
SET @xuehao = 5
SELECT @xuehao
```

在查询分析器中执行以上语句后，在结果窗口会显示出变量"@ xuehao"的值："5"。

注：SET 方法一次只能给一个变量赋值，SELECT 方法能一次给多个变量赋值。

2. 变量的命名规则

变量的命名要符合标识符的命名规则：

（1）以 ASCII 字母、Unicode 字母、下画线、"@"或者"#"开头，后续可以为一个或多个 ASCII 字母、Unicode 字母、下画线、"@"、"#"或者"$"，但整个标识符不能全部是下画线、"@"或者"#"。

（2）标识符不能是 T‑SQL 的关键字。

（3）标识符中不能嵌入空格，或者其他的特殊字符。

（4）如果要在标识符中使用空格或者 T‑SQL 的关键字以及特殊字符，则要使用双引号或者方括号将该标识符括起来。

6.1.4　运算符

在 Microsoft SQL Server 系统中，可以使用的运算符包括算术运算符、逻辑运算符、赋值运算符、字符串串联运算符、位运算符、一元运算符、比较运算符等，见表 6‑1 ~ 表 6‑6。

表 6‑1　算术运算符

运算符	描述
+	加法运算，也可以将一个以"天"为单位的数字加到日期中
−	减法运算，也可以从日期中减去以"天"为单位的数字
*	乘法运算
/	除法运算，如果两个表达式都是整数，则结果是整数，小数部分被截断
%	取模运算，返回两数相除后的余数，例如 12%9 的模是 3

表 6‑2　逻辑运算符

运算符	描述
ALL	用于比较标准值与单列集中的值。如果一组的比较都为 TRUE，则比较结果为 TRUE
AND	组合两个布尔表达式。如果两个表达式都为 TRUE，则组合结果为 TRUE
ANY	用于比较标量值与单列集中的值。如果一组的比较中任何一个为 TRUE，则比较结果为 TRUE
BETWEEN	如果操作数在某个范围之内，那么结果为 TRUE
EXISTS	如果子查询中包含了一些行，那么结果为 TRUE
IN	如果操作数等于表达式列表中的一个，那么结果为 TRUE
LIKE	如果操作数与某种模式匹配，那么结果为 TRUE
NOT	对任何其他布尔运算符的结果值取反
OR	如果两个布尔表达式中的任何一个为 TRUE，那么结果为 TRUE
SOME	如果在一组比较中，有些比较为 TRUE，那么结果为 TRUE

表 6 - 3　位运算符

运算符	描述
&	位与逻辑运算，从两个表达式中取对应的位。当且仅当输入表达式中两个位的值都为 1 时，结果中的位才被设置为 1，否则，结果中的位被设置为 0
		位或逻辑运算，从两个表达式中取对应的位。输入表达式中两个位只要有一个的值为 1，结果的位就被设置为 1；只有当两个位的值都为 0 时，结果中的位才被设置为 0
^	位异或运算，从两个表达式中取对应的位。如果输入表达式中两个位只有一个的值为 1，结果中的位就被设置为 1；只有当两个位的值都为 0 或 1 时，结果中的位才被设置为 0

表 6 - 4　一元运算符

运算符	描述
+	数值为正
−	数值为负
~	返回数字的逻辑非

表 6 - 5　比较运算符

运算符	描述
=	等于
>	大于
<	小于
>=	大于或等于
<=	小于或等于
<>	不等于
!=	不等于
!<	不小于
!>	不大于

表 6 - 6　运算符的优先级

级别	运算符
1	~（位非）
2	*（乘）、/（除）、%（取模）
3	+（正）、−（负）、+（加）、+（连接）、−（减）、&（位与）
4	=、>、<、>=、<=、<>、!=、!>、!<（比较运算符）
5	^（位异或）、|（位或）
6	NOT

级别	运算符
7	AND
8	ALL、ANY、BETWEEN、IN、LIKE、OR、SOME
9	=（赋值）

6.1.5 表达式

表达式是标识符、值和运算符的组合，它可以是常量、函数、列名、变量、子查询等实体，也可以用运算符对这些实体进行组合而成。

【例6.14】 将"选课表"中的各个成绩乘以0.8后输出。

```
SELECT 学号,课程号,分数 * 0.8
FROM 选课表
```

【例6.15】 通过表达式对学生的信息进行拼接。

```
SELECT   A. 学号,SUM( A. 成绩)AS'总分',
B. 姓名 + SPACE(4) + B. 性别 + SPACE(4) + B. 班级编号 + '班' + SPACE(4) + STR
(B. 年级) + '年级'AS'考生信息'
FROM 成绩表 A INNER JOIN 学生信息 B
ONA. 学号 = B. 学号
GROUP BY A. 学号,B. 姓名,B. 性别,B. 班级编号,B. 年级
ORDER BY 总分
```

6.1.6 注释符

在 T-SQL 中可使用两类注释符：单行注释和多行注释。

（1）单行注释：采用 ANSI 标准的注释符 "--"。

格式： -- 注释内容。

（2）多行注释：采用与 C 语言相同的程序注释符号，即 "/*" "*/"。"/*"用于注释文字的开头，"*/"用于注释文字的结尾，可在程序中标识多行文字为注释。

格式：/* 注释内容 */。

【例6.16】 单行注释示例。

```
SELECT *
FROM Item                -- 物料表:Item
WHERE FName = '鼠标'
```

【例6.17】 多行注释示例。

```
/* 查询物料名为"鼠标"的物料信息,
物料表名为 Item */
```

```
SELECT *
FROM Item
WHERE FName = '鼠标'
```

6.2　流程控制语句

T－SQL 中的流程是指那些用来控制程序执行和流程分支的语句。使用 T－SQL 语言编程的时候，常常要利用各种流程控制语句进行顺序、分支控制转移、循环等操作。T－SQL 提供了一组流程控制语句，包括条件控制语句、无条件控制语句、循环语句和返回状态值给调用例程的语句。

跟流程控制语句相关的语句如下所示，本章节将分别进行介绍：

（1）IF...ELSE：条件选择语句；

（2）CASE 表达式：多分支选择语句；

（3）GOTO：无条件转移语句；

（4）WHILE：循环语句；

（5）RETURN：无条件返回；

（6）BEGIN...END：定义语句块；

（7）Print 语句：用来测试运行结果；

（8）BREAK：循环跳出语句；

（9）CONTINUE：重新开始下一次循环；

（10）WAITFOR：设置语句执行的延迟时间。

6.2.1　IF...ELSE 语句

IF...ELSE 语句是条件判断语句，用于实现选择结构。

IF...ELSE 语句的语法格式如下：

```
IF 逻辑表达式
{语句1 |语句块1}
[ELSE
{语句1 |语句块1}
]
```

参数说明如下：

当 IF 后的条件成立时执行其后的 T－SQL 语句。

当条件不成立时，执行 ELSE 后的 T－SQL 语句，其中 ELSE 子句是可选项。

如果没有 ELSE 子句，当条件不成立时执行 IF 语句后面的其他语句。

IF...ELSE 语句允许嵌套使用，可以在 IF 之后或在 ELSE 下面，嵌套另一个 IF 语句，嵌套级数的限制取决于可用内存，如下所示：

IF	IF
IF	IF
ELSE	ELSE
ELSE	IF
IF	ELSE
ELSE	IF
IF	ELSE
ELSE	IF

【例 6.18】 输出 3 个整数中的最大数。

```
DECLARE @number1 INT,@number2 INT,@number3 INT,@temp INT
SET @number1 =52
SET @number2 =38
SET @number3 =66
IF @number1 < @number2
    BEGIN
        SET @temp = @number1
        SET @number1 = @number2
        SET @number2 = @temp
    END
IF @number1 > @number3
    BEGIN
        PRINT '最大数为:'
        PRINT @number1
    END
ELSE
    BEGIN
        PRINT'最大数为:'
        PRINT @number3
    END
```

【例 6.19】 IF 语句的使用示例。

```
DECLARE @pingyu CHAR(10)
  IF(SELECT MIN(grade) FROM enrollment) >=60
    SELECT @pingyu = '全部及格'
  ELSE
    SELECT @pingyu = '存在不及格'
PRINT @pingyu
```

6.2.2　CASE 语句

CASE 语句用于实现选择结构，与 IF…ELSE 语句相比，它能更方便地实现多重选择，从而避免多重的 IF…ELSE 语句的嵌套，使得程序的结构更加简练、清晰。

CASE 语句计算条件列表并返回多个可能结果表达式之一，其语法格式有两种：简单 CASE 语句和搜索 CASE 语句。

1. 简单 CASE 语句

简单 CASE 语句的语法格式如下：

```
CASE 表达式
WHEN 表达式 THEN 结果表达式
…
[ELSE 结果表达式]
END
```

执行过程说明如下：

（1）首先计算 CASE 后面的表达式，然后按指定顺序与每个 WHEN 子句后的表达式进行比较。

（2）如果相等，则执行对应的 WHEN 后的结果表达式，并退出 CASE 结构。

（3）若 CASE 后的表达式与所有 WHEN 后的表达式均不相等，则执行 ELSE 后的结果表达式。

（4）若 CASE 后的表达式与所有 WHEN 后的表达式均不相等，且 ELSE 结果表达式被忽略，则返回 NULL 值。

【例 6.20】　简单的 CASE 语句的使用。

```
DECLARE @var1 VARCHAR(1)
  SET @var1 = 'B'
DECLARE @var2 VARCHAR(10)
  SET @var2 =
  CASE @var1
    WHEN 'R' THEN '红色'
    WHEN 'B' THEN '蓝色'
    WHEN 'G' THEN '绿色'
ELSE '错误'
END
PRINT @var2
```

2. 搜索 CASE 语句

搜索 CASE 语句的语法格式如下：

```
CASE
WHEN 条件表达式 THEN 结果表达式
…
ELSE 结果表达式
END
```

执行过程说明如下：

（1）首先测试 WHEN 后的条件表达式，若为真，则执行 THEN 后的结果表达式，否则执行下一个 WHEN 后的条件表达式的测试。

（2）若所有 WHEN 后的条件表达式都为假，则执行 ELSE 后的结果表达式。

（3）若所有 WHEN 后的条件表达式都为假，且 ELSE 结果表达式被忽略，则返回 NULL 值。

【例 6.21】　根据学生的考试成绩输出等级。

```
DECLARE @score TINYINT
SET @score =82
PRINT CASE
        WHEN @score >=90 THEN'该学生考试成绩优秀'
        WHEN @score >=80 THEN'该学生考试成绩良好'
        WHEN @score >=70 THEN'该学生考试成绩一般'
        WHEN @score >=60 THEN'该学生考试成绩及格'
        ELSE'该学生考试成绩不及格'
        END
```

【例 6.22】　搜索类型的 CASE 语句。

```
DECLARE @chengji FLOAT,@pingyu VARCHAR(40)
SET @chengji =80
SET @pingyu =
CASE
    WHEN @chengji >100OR @chengji <0 THEN'您输入的成绩超出～的范围'
    WHEN @chengji >=60AND @chengji <70 THEN'及格'
    WHEN @chengji >=70AND @chengji <85 THEN'良好'
    WHEN @chengji >=85AND @chengji <=100 THEN'优秀'
    ELSE'不及格'
END
PRINT'该生的成绩评语是:' +@pingyu
```

6.2.3　GOTO 语句

GOTO 语句是无条件转移语句，用来改变程序的执行流程。其语法格式如下：

```
GOTO 标签
…
标签:
```

执行过程说明如下:

GOTO 语句将执行语句无条件跳转到标签处,并从标签位置继续执行,GOTO 语句和标签可以在过程、批处理或语句块中的任何位置使用。

GOTO 语句增加了程序设计的灵活性,但同时破坏了程序结构化的特点,增加了程序测试与维护的难度。

【例 6.23】 计算 1～100 之间所有的偶数之和。

```
DECLARE @sum INT,@i INT
SET @i =0
SET @sum =0
label_1:
SET @i =@i +2
SET @sum =@sum +@i
  IF @i <100
GOTO label_1
PRINT'1 -100 之间所有的偶数之和为:' +cast(@sum as varchar(50))
```

【例 6.24】 利用 GOTO 语句计算 0～100 之间所有数的和。

```
DECLARE @x INT,@sum INT
SET @x =0
SET @sum =0
xh:SET @x =@x +1
SET @sum =@sum +@x
  IF @x <100
GOTO xh
PRINT'1 ～100 所有数的和是:' +LTRIM(STR(@sum))
```

6.2.4 WHILE 语句

WHILE 语句用于实现循环结构,其功能是在满足条件的情况下重复执行 T - SQL 语句或语句块。

WHILE 语句的语法格式如下:

```
WHILE 条件表达式
BEGIN
{T - SQL 语句或语句块}
[BREAK]
```

```
{T-SQL 语句或语句块}
    [CONTINUE]
{T-SQL 语句或语句块}
END
```

执行过程说明如下:

当 WHILE 后面的条件为真时,重复执行 BEGIN...END 之间的语句块。通常将 CONTINUE 或 BREAK 语句和 WHILE 语句配合使用。

【例 6.25】 计算 1~100 之间所有的奇数之和。

```
DECLARE  @sum  SMALLINT,@i  TINYINT
SET @i =1
SET @sum =0
WHILE @i <=100
    BEGIN
        SET @sum = @sum + @i
        SET @i = @i +2
    END
PRINT  '1~100 之间所有的奇数之和为:' + STR(@sum)
```

【例 6.26】 计算 2 的 8 次方。

```
DECLARE  @value INT,  @i INT
SET @i =8
SET @value =1
WHILE 1 =1
    BEGIN
        SET @value = @value * 2
        SET @i = @i -1
        IF @i <=0
          BREAK
        ELSE
          CONTINUE
    END
PRINT  '2 的 8 次方为:' + STR(@value)
```

【例 6.27】 利用 WHILE 语句计算 0~100 之间所有数的和。

```
DECLARE @x INT,@sum INT
SET @x =0
SET @sum =0
  WHILE @x <100
```

```
    BEGIN
        SET @x = @x +1
        SET @sum = @sum + @x
END
PRINT'1 ~100 所有数的和是:' + ltrim( str( @sum ) )
```

6.2.5 RETURN 语句

RETURN 语句用来从批处理、查询或存储过程中无条件退出。RETURN 语句的执行是即时且完全的，可在任何时候用于从过程、批处理或语句块中退出。位于 RETURN 语句之后的语句将不会被执行。

RETURN 语句用于结束当前程序的执行，返回到上一个调用它的程序或其他程序。其语法格式如下：

```
RETURN  ［整型表达式］
```

执行过程说明如下：

RETURN 语句通常在存储过程中使用，且不能返回空值。在系统存储过程中，一般情况下返回 0 值表示成功，返回非 0 值则表示失败。

RETURN 语句要指定返回值，如果没有指定返回值，SQL Server 系统会根据程序执行的结果返回一个内定值，返回值的含义见表 6 - 7 所示。

表 6 - 7   返回值的含义

返回值	含义
0	程序执行成功
-1	找不到对象
-2	数据类型错误
-3	发生死锁
-4	违反权限应遵循的原则
-5	出现语法错误
-6	出现用户造成的一般错误
-7	程序执行成功
-8	找不到对象
-9	数据类型错误
-10、-11	发生死锁
-12	表或指针遭到破坏
-13	数据库遭到破坏
-14	出现硬件错误

注：如果运行过程中产生了多个错误，SQL Server 系统将返回绝对值最大的数值。

6.2.6 BEGIN...END 语句

BEGIN...END 语句在 IF 语句、WHILE 语句的程序体内使用，表示一次执行一组 SQL 语句，即将一组语句用 BEGIN...END 语句封闭起来。BEGIN...END 语句允许在使用的过程中嵌套。

BEGIN...END 语句用来定义语句块，即将 BEGIN...END 内的所有 T-SQL 语句视为一个单元执行。在实际应用中，BEGIN 和 END 必须成对出现。

BEGIN...END 语句的基本语法格式如下：

```
BEGIN
    {T-SQL 语句或语句块}
END
```

执行过程说明如下：

BEGIN...END 语句一般与 IF...ELSE、WHILE 等语句联用，当判断条件符合需要执行的两个或多个语句时，就需要使用 BEGIN...END 语句将这些语句封装成一个语句块。

6.2.7 PRINT 语句

PRINT 语句用于显示字符类数据类型的内容，其他数据类型则必须进行数据类型转换，然后再使用 PRINT 语句。PRINT 语句通常用于测试运行结果。

【例 6.28】 将两个整数的数据求和再输出结果。

```
DECLARE @iINT,@j INT,@sum INT
SET @i =100
SET @j =200
SELECT @sum = @i + @j
PRINT @sum
```

6.2.8 BREAK 语句

BREAK 语句一般都出现在 WHILE 语句的循环体内，作为 WHILE 语句的子句。BREAK 语句的功能是立即终止循环，结束整个 WHILE 语句的执行，并继续执行 WHILE 语句后的其他语句。

【例 6.29】 求 1 ~ 100 之间的所有数之和，但是如果和大于 1 000，立刻跳出循环，输出结果。

```
DECLARE @x INT,@sum INT
SET @x =0
SET @sum =0
  WHILE @x <100
    BEGIN
      SET @x = @x +1
```

```
    SET @sum = @sum + @x
  IF @sum > 1000
 BREAK
END
PRINT'结果是:' + LTRIM(STR(@sum))
```

6.2.9　CONTINUE 语句

CONTINUE 语句和 BREAK 语句一样，一般都出现在 WHILE 语句的循环体内，作为 WHILE 语句的子句。在循环体内使用 CONTINUE 语句，结束本次循环，重新转到下一次循环。

【例 6.30】　计算 1~100 的所有偶数之和，并输出结果。

```
DECLARE @x INT,@sum INT
SET @x = 0
SET @sum = 0
  WHILE @x < 100
    BEGIN
      SET @x = @x + 1
      IF @x% 2 = 1
        CONTINUE
SET @sum = @sum + @x
END
      PRINT'1~100 所有偶数之和是:' + LTRIM(STR(@sum))
```

6.2.10　WAITFOR 语句

WAITFOR 语句也称为"延迟语句"，用于在达到指定时间或时间间隔之前，阻止执行批处理、存储过程或事务，直到所设定的时间已到或等待了指定的时间间隔之后才继续运行。

WAITFOR 语句的语法格式如下：

```
WAITFOR  DELAY  '等待时间' | TIME'完成时间'
```

执行过程说明如下：

"DELAY '等待时间'"用于指定运行批处理、存储过程或事务的等待时间段，最长可为 24 小时。

"TIME '完成时间'"用于指定运行批处理、存储过程或事务的具体时刻。

【例 6.31】　WAITFOR 语句的使用。

```
WAITFOR DELAY'0:0:10'                    /* 等待 10 秒
WAITFOR TIME'12:00:00'                    /* 等到 12 点
```

【例 6.32】 等待 10 秒钟再显示 spt_monitor 表的记录

```
WAITFOR DELAY '00:00:10'
SELECT * FROM spt_monitor
```

【例 6.33】 在上午 11 时显示 spt_values 表的记录

```
WAITFOR TIME '11:00:00'
SELECT* FROM spt_values
```

6.3 函 数

SQLServer 提供强大的函数功能，常用的系统函数有以下几类：聚合函数、数学函数、字符串函数、数据类型转换函数、日期时间函数等。限于篇幅，本节介绍常用系统函数的用法。

用户也可以创建自定义函数，对 SQL Server 对象的处理能力进行扩展。在 SQL Server 中用户可以创建、修改和删除自定义函数，并在程序中使用自定义函数。

6.3.1 聚合函数

聚合函数对一组数据执行某种计算并返回一个结果。聚合函数经常在 SELECT 语句的 GROUP BY 子句中使用。下面分别对聚合函数进行简要说明，并给出一些简单的示例。

（1）AVG()：返回一组值的平均值。

（2）BINARY_CHECKSUM()：返回对表中的行或者表达式列表计算的二进制校验位。

（3）CHECKSUM()：返回在表中的行者表达式列表计算的校验值，该函数用于生成哈希索引。

（4）CHECKSUM_AGG()：返回一组值的校验值。

（5）COUNT()：返回一组值中项目的数量（返回值为 INT 类型）。

（6）COUNT_BIG()：返回一组值中项目的数量（返回值为 BIGINT 类型）。

（7）GROUPING()：产生一个附加的列，当用 CUBE 或 ROLLUP 运算符添加行时，附加的列输出为 1，当添加的行不是由 CUBE 或 ROLLUP 运算符产生时，附加的列输出为 0。

（8）MAX()：返回表达式或者项目中的最大值。

（9）MIN()：返回表达式或者项目中的最小值。

（10）SUM()：返回表达式中所有项的和，或者只返回 DISTINCT 值。SUM 只能用于数字列。

【例 6.34】 AVG() 函数的使用。以下语句统计所有学生成绩的平均值。

```
USE 实例数据库
SELECT AVG(分数)as 平均成绩
FROM 选课表
GO
```

【例 6.35】 MAX() 函数的使用。以下语句返回选课表中学生成绩的最高分数。

```
USE 实例数据库
SELECT MAX(分数)as 最高成绩
FROM 选课表
GO
```

【例 6.36】 COUNT( ) 函数的使用。以下语句返回学生表中的记录个数。

```
USE 实例数据库
SELECT COUNT(学号)as 总人数
FROM 选课表
GO
```

6.3.2 数学函数

三角函数有以下几个:

(1) SIN( ): 正弦函数;

(2) COS( ): 余弦函数;

(3) TAN( ): 正切函数;

(4) COT( ): 余切函数。

反三角函数有以下几个:

(1) ASIN( ): 反正弦函数;

(2) ACOS( ): 反余弦函数;

(3) ATAN( ): 反正切函数;

(4) ATN2( ): 返回两个值的反正切。

角度弧度转换函数:

(1) DEGREES( ): 返回弧度值相对应的角度值;

(2) RADINANS( ): 返回一个角度的弧度值。

取近似值函数:

CEILING( ): 返回大于或等于所给数字表达式的最大整数。

【例 6.37】 ABS( ) 函数的使用。

```
SELECT ABS( -8.5)
```

在查询分析器内执行上条语句,返回的结果是 8.5,即参数的绝对值。

【例 6.38】 CEILING( ) 函数的使用。

```
SELECT CEILING(25.3),CEILING( -25.3),CEILING(0)
```

返回结果是: 26, -25, 0。

【例 6.39】 RAND( ) 函数的使用。

```
SELECT FLOOR(RAND( )* 10),FLOOR(RAND(5)* 10)
```

RAND( ) 函数返回 0 ~ 1 之间的一个随机数,但是如果其参数(随机数种子)相同则产生的随机数相同,如果参数不同则产生的随机数不同。上面的语句对产生的随机数乘以 10

再取整，得到 0~10 之间的随机整数。

6.3.3 字符串函数

字符串函数对字符串进行操作，以下列出 SQL Server 的字符串函数及简要说明和示例。

（1）ASCII( )：返回字符串首字母的 ASCII 码。

（2）CHAR( )：返回 ASCII 码值对应的字符。

（3）CHARINDEX( )：返回字符串中指定表达式的起始位置。

（4）DIFFERENCE( )：返回一个整数，该整数是两个字符表达式的 SOUNDEX 值的差。

（5）LEFT( )：返回字符串从左端起指定个数的字符串。

（6）LEN( )：返回字符串的长度。

（7）LOWER( )：将字符串中的所有的大写字符转换为小写字符。

（8）LTRIM( )：将字符串左端的所有空格删除后返回。

（9）NCHAR( )：根据 Unicode 标准的定义，返回整数值的 Unicode 字符。

（10）PATINDEX( )：返回表达式中某模式第一次出现的起始位置。

（11）QUOTENAME( )：返回带有分隔符的 Unicode 字符串。

（12）REPLACE( )：用第三个表达式替换第一个字符串表达式中出现的所有的第二个给定的字符串表达式。

（13）REPLICATE( )：以指定的次数重复字符表达式。

（14）REVERSE( )：返回字符表达式的反转值。

（15）RIGHT( )：返回字符串从右端起指定个数的字符串。

（16）SOUNDEX( )：返回由 4 个字符组成的代码以评估两个字符串的相似性。

（17）SPACE( )：返回指定个数的空格字符串。

（18）STR( )：将数字类型的数据转换成字符串。

（19）STUFF( )：删除指定长度的字符并在指定的起始点插入另一串字符。

（20）SUBSTRING( )：返回表达式的一部分。

（21）UNICODE( )：依照 Unicode 标准的定义，返回输入表达式的第一个字符的整数值。

（22）UPPER( )：将字符串转换为大写字母的表达式。

以下对常用的字符串函数举例说明。

【例 6.40】 ASCII( ) 函数的用法。

```
SELECT ASCII('ABC')
```

返回结果是：65，返回的是首字母 A 的 ASCII 码。

【例 6.41】 CHAR( ) 函数的用法。

```
SELECT CHAR(65)
```

返回结果是：ABC。

【例 6.42】 LEFT( ) 函数的用法。

```
SELECT LEFT('CHINA',2)
```

返回结果是：CH。

【例 6.43】 REPLACE( ) 函数的用法。

```
SELECT REPLACE('CHINA','A','ESE')
```

返回结果是：CHINESE。

【例 6.44】 REPLACATE( ) 函数的用法。

```
SELECT REPLICATE('* ',5)+'AA'+REPLICATE('* ',5)
```

返回结果是：＊＊＊＊＊AA＊＊＊＊＊。

6.3.4 日期和时间函数

日期和时间函数对日期和时间输入值执行操作，并返回一个字符串、数字值或日期和时间值。以下列出 SQL Server 的日期和时间函数及简要的说明：

（1）DATEADD( )：返回给指定日期加上一个时间间隔后的新 DATETIME 值。

（2）DATEDIFF( )：返回跨两个指定日期的日期边界数和时间边界数。

（3）DATENAME( )：返回表示指定日期的指定日期部分的字符串。

（4）DATEPART( )：返回表示指定日期的指定日期部分的整数。

（5）DAY( )：返回一个整数，表示指定日期的"天"的部分。

（6）GETDATE( )：以 DATETIME 值的 SQL Server 标准内部格式返回当前系统日期和时间。

（7）GETUTCDATE( )：返回表示当前的 UTC 时间（通用协调时间或格林尼治标准时间）的 DATETIME 值。当前的 UTC 时间得自当前的本地时间和运行 Microsoft SQL Server 实例的计算机操作系统中的时区设置。

（8）MONTH( )：返回表示指定日期的"月"部分的整数。

（9）YEAR( )：返回表示指定日期的年份的整数。

【例 6.45】 DATEADD( ) 函数的使用。

```
SELECT DATEADD(DAY,30,'2017-1-1')
```

返回结果是：2017-01-31 00：00：00.000。

【例 6.46】 DATEDIFF( ) 函数的使用。计算"入学日期"和当前日期之间相差多少天。

```
SELECT DATEDIFF(DAY,'2017-1-1',GETDATE())
```

返回结果是：52。假设当前日期为 2017-02-22。

【例 6.47】 GETDATE( ) 函数的用法。

```
SELECT GETDATE();
```

返回结果是：2017-02-22 00：00：00.000。假设当前日期为 2017-02-22。

【例 6.48】 YEAR( )、MONTH( ) 和 DAY( ) 函数的用法。

```
SELECT STR(YEAR('03/12/2007'))+'年'+STR(MONTH('03/12/2007'))+'月'
'+STR(DAY('03/12/2007'))+'日'
```

返回结果是：2007年3月12日。转换成字符串后会保留长度，所以会出现很多空格。可以用下面的方法去掉左侧的空格：

```
SELECTLTRIM(STR(YEAR('03/12/2007')))+'年'+LTRIM(STR(MONTH('03/
12/2007')))+'月'+LTRIM(STR(DAY('03/12/2007')))+'日'
```

返回结果是：2007年3月12日。

6.3.5 用户自定义函数

用户在编写程序的过程中除了可以调用内置的系统函数外，还可以根据自己的需要自定义函数。自定义函数包括表值函数和标量值函数两类，其中表值函数又包括内联表值函数和多语句表值函数。

（1）标量函数：返回值为标量值。

（2）内联表值函数：返回值为可更新表。如果用户自定义函数包含单个SELECT语句且该语句可以更新，则该函数返回的表也可以更新。

（3）多语句表值函数：返回值为不可更新表。如果用户自定义函数包含多个SELECT语句，则该函数返回的表不可更新。

用户自定义函数的创建有两种方法，一种是在SQL Server Management Studio中直接创建，另一种是利用代码创建。

1. 在 SQL Server Management Studio 环境下直接创建用户自定义函数

下面以创建内联表值函数为例给出创建用户自定义函数的具体步骤：

（1）进入SQL Server Management Studio环境。

（2）在"对象资源管理器"窗口中依次展开如下节点："数据库"|"实例数据库"|"可编程性"|"函数"|"表值函数"。

（3）在"表值函数"项上单击鼠标右键，在弹出的菜单中选择"新建内联表值函数"。

（4）选择"新建内联表值函数"后，系统自动打开新的查询分析器并将创建内联表值函数的语法模板显示出来。

（5）在相关的参数处修改相关项。

2. 通过编写代码创建用户自定义函数

使用CREATE FUNCTION语句创建用户自定义函数，其语法格式如下：

```
CREATE FUNCTION function_name
([{ @ parameter_name[AS]parameter_data_type[ =default]}[,...n]])
RETURNS return_data_type
[AS]
BEGIN
    function_body
    RETURN scalar_expression
END
```

执行过程说明如下：

（1）function_name：用户自定义函数的名称。其名称必须符合标识符的命名规则，并且对其所有者来说，该名称在数据库中必须唯一。

（2）@parameter_name：用户自定义函数的参数，其可以是一个或多个。每个函数的参数仅用于该函数本身；相同的参数名称可以用在其他函数中。参数只能代替常量，而不能代替表名、列名或其他数据库对象的名称。函数执行时每个已声明参数的值必须由用户指定，除非该参数的默认值已经定义。如果函数的参数有默认值，在调用该函数时必须指定 DEFAULT 关键字才能获得默认值。

（3）parameter_data_type：参数的数据类型。

（4）return_data_type：是用户定义函数的返回值，其可以是 SQL Server 支持的任何标量数据类型（text、ntext、image 和 timestamp 除外）。

（5）function_body：位于 BEGIN 和 END 之间的一系列 T－SQL 语句，其只用于标量函数和多语句表值函数。

（6）scalar_expression：用户自定义函数中返回值的表达式。

在查询分析器内直接输入创建函数的代码即可。下面简要介绍 3 种函数的创建语法及示例。

1）标量函数

【例 6.49】 创建一个标量函数，该函数返回两个参数中的最大值。

```
CREATE FUNCTION max2(@par1 REAL,@par2 REAL)
RETURNS REAL
AS
  BEGIN
      DECLARE @par REAL
      IF  @par1 > @par2
        SET @par = @par1
      ELSE
        SET  @par = @par2
      RETURN(@par)
  END
```

2）内联表值函数

【例 6.50】 创建一个内联表值函数 GetInfoByID( )，返回指定物料的信息。

```
ALTER FUNCTION GetInfoByID(@ItemID INT)
RETURNS TABLE
AS
RETURN
(
  SELECT *
```

```
FROM 物料
WHERE 物料代码 = @ItemID
)
```

其中 TABLE 是特殊的变量类型，指定表值函数的返回值为表。在内联表值函数中，通过单个 SELECT 语句定义 TABLE 返回值。内联函数没有相关联的返回变量。

3）多语句表值函数

多语句表值函数也称为多声明表值函数，可以看作标量型函数和内联表值函数的结合体。它的返回值是一个表，但它和标量型函数一样有一个用 BEGIN...END 语句括起来的函数体，返回的表中的数据是由函数体中的语句插入的。其可以进行多次查询，对数据进行多次筛选与合并，弥补了内嵌表值函数的不足。

【例 6.51】 创建函数 GetPOInfoByItemName( )。该函数以物料名称为实参，通过调用该函数显示采购该物料的所有订单。

```
CREATE FUNCTION GetPOInfoByItemName
(
    @物料名称 VARCHAR(100)
)
RETURNS @采购订单 TABLE
(
    采购订单号 VARCHAR(30),
    单据日期 DATETIME,
    采购方式 SMALLINT,
    制单人 INT
)
AS
BEGIN
  INSERT @采购订单
  SELECT 采购订单.采购订单号,单据日期,采购方式,制单人
  FROM 采购订单,物料,采购订单分录
  WHERE 采购订单.采购订单号 = 采购订单分录.采购订单号
      AND 采购订单分录.物料代码 = 物料.物料代码
      AND 物料.物料名称 = @物料名称
  RETURN
END
```

6.4　高级操作

事务和锁是灵活应用 T-SQL 语句的关键，在程序设计和开发中起着重要的作用。数据

库是可供多个用户共享的信息资源。当多个用户并发地存取数据库时，就会产生多个事务同时存取同一数据的情况。数据库的并发控制就是控制数据库，防止多用户并发使用数据库时造成数据错误和程序运行错误，保证数据的完整性。事务是多用户系统的一个数据操作基本单元。锁使事务对它要操作的数据有一定的控制能力。

6.4.1 事务

1. 事务的定义

事务是用户定义的一个数据库操作序列，这些操作要么全做，要么全不做，是构成单一逻辑工作的操作单元。

在关系数据库中，一个事务可以是一条 SQL 语句、一组 SQL 语句或整个程序。事务和程序是两个概念。一般来讲，一个程序中包含多个事务。

事务具有 4 个特性：原子性、一致性、隔离性和持久性（简记为：ACID）。

（1）原子性（Atomicity）：事务中包括的所有操作要么都做，要么都不做。也就是说，事务是作为一个整体单位被处理的，不可以被分割。

（2）一致性（Consistency）：事务执行的结果必须使数据库处于一致性状态。当数据库中只包含成功事务提交的结果时，就说数据库处于一致状态。如果发生故障时有未完成事务，需要撤销（由 DBMS 完整性控制子系统负责处理）。

（3）隔离性（Isolation）：一个事务的执行不能被其他事务干扰，即一个事务内部的操作及使用的数据对其他并发事务是隔离的，并发执行的各个事务之间不能互相干扰。

（4）持久性（Durability）：也称，持续性、永久性（Permanence），指一个事务一旦提交，它对数据库中数据的改变就是永久性的，接下来的其他操作或故障不应该对其执行结果有任何影响。

事务是程序的逻辑运行单位；事务必须保持数据库的一致性；在事务执行过程中，数据库可能处于不一致状态；当事务提交时，数据库必须处于一致状态。

要处理的两个问题：

（1）各种故障，如硬件故障和系统崩溃；

（2）多个事务的并发执行。

【例 6.52】 转账。

从账户 A 转移 $50 到账户 B：

```
1. read(A)
2. A: = A - 50
3. write(A)
4. read(B)
5. B: = B + 50
6. write(B)
```

（1）一致性要求：事务执行前后 A 与 B 之和保持不变。

（2）原子性要求：若事务在第 3 步之后及第 6 步之前失败，系统应确保事务所作更新不被反映到数据库中，否则会出现不一致情况。

（3）持久性要求：一旦用户被告知事务已经完成（即＄50 转账已经发生），则即使发生故障，事务对数据库的更新也必须持久化。

（4）隔离性要求：若在第 3 步与第 6 步之间允许另一事务存取部分更新的数据库，该事务将看到不一致的数据库（A＋B 小于正确值）。

可通过串行（即一个接一个）执行事务来确保隔离性，但是并发执行多个事务具有很多好处。

2. 事务控制语句

在 SQL 语言中，定义事务的语句有 3 条：

（1）BEGIN TRANSACTION；

（2）COMMIT；

（3）ROLLBACK。

事务通常是以 BEGIN TRANSACTION 开始，以 COMMIT 提交或 ROLLBACK 回滚结束。每个事务结束，系统都要检查数据的一致性约束。

1）事务控制语句

（1）BEGIN TRANSACTION ［tran_name］：标识一个用户定义的事务的开始。tran_name 为事务的名字，标识一个事务开始。

（2）COMMIT TRANSACTION ［tran_name］：表示提交事务中的一切操作，结束一个用户定义的事务，使得对数据库的改变生效。

（3）ROLLBACK TRANSACTION ［tran_name|save_name］：回退一个事务到事务的开头或一个保存点。表示要撤销该事务已做的操作，回滚到事务开始或保存点的状态。

（4）SAVE TRANSACTION save_name：在事务中设置一个保存点，名字为"save_name"，它可以使一个事务内的部分操作回退。其中，TRANSACTION 可简写为 TRAN。

2）两个可用于事务管理的全局变量

两个可用于事务管理的全局变量是@@error 和@@rowcount。

（1）@@error：给出最近一次执行的出错语句引发的错误号，@@error 为 0 表示未出错。

（2）@@rowcount：给出受事务中已执行语句所影响的数据行数。

3）事务控制语句的使用

```
BEGIN  TRAN
    A 组语句序列
    SAVE  TRAN  save_point
    B 组语句序列
    IF  @@error <>0
      ROLLBACK  TRAN  save_point
      /* 仅回退 B 组语句序列*/
COMMIT  TRAN
    /* 提交 A 组语句,且若未回退 B 组语句,则提交 B 组语句*/
```

【例 6.53】 使用事务向表物料表中插入数据。

```
USEPO
GO
BEGIN TRAN  AAA
    INSERT  INTO 物料(物料代码,物料名称)
    VALUES('11001','鼠标')
    SAVE  TRAN BBB
    INSERT  INTO 物料(物料代码,物料名称)
    VALUES('11002','键盘')
GO
    INSERT INTO 物料(物料代码)
    VALUES('11003')
GO
    IF @@ERROR < >0
      ROLLBACK  TRAN BBB
GO
COMMIT  TRAN AAA
GO
```

3. 事务中不可使用的语句

在事务中不能使用以下 T - SQL 语句，如果使用了这些语句，则不能够进行事务的回滚：

(1) 创建数据库：CREATE DATABASE；

(2) 修改数据库：ALTER DATABASE；

(3) 删除数据库：DROP DATABASE；

(4) 备份数据库：DUMP DATABASE、BACKUP DATABASE；

(5) 还原数据库：LOAD DATABASE、RESTORE DATABASE；

(6) 日志备份：DUMP TRANSACTION、BACKUP LOG；

(7) 日志还原：LOAD TRANSACTION、RESTORE LOG；

(8) 配置：LOAD TRANSACTION、RESTORE LOG；

(9) 磁盘初始化：DISK INIT；

(10) 统计：UPDATE STATISTICS；

(11) 显示或设置数据库选项：SP_ DBOPTION。

4. 事务回滚机制

(1) 如果服务器错误使事务无法成功完成，Server 将自动回滚该事务，并释放该事务占用的所有资源。

(2) 如果客户端与 Server 的网络连接中断了，则网络会通知 Server 并回滚该连接的所有未完成事务。

（3）如果客户端应用程序失败或客户计算机崩溃或重启，也会中断该连接，同 Server 回滚该连接的所有未完成事务。

（4）如果客户从应用程序注销，所有未完成的事务也会被回滚。

（5）如果批处理中出现运行时语句错误，那么 Server 中默认的行为将是只回滚产生该错误的语句。

6.4.2　锁

1. 锁的定义

锁是实现并发控制的主要方法，是多个用户能够同时操纵同一个数据库中的数据而不发生数据不一致现象的重要保障。

应用程序一般不直接请求锁。锁由数据库引擎的一个部件（称为"锁管理器"）在内部管理。当数据库引擎实例处理 T－SQL 语句时，数据库引擎查询处理器会决定将要访问哪些资源。查询处理器根据访问类型和事务隔离级别设置来确定保护每一资源所需的锁的类型。然后，查询处理器将向锁管理器请求适当的锁。如果与其他事务所持有的锁不会发生冲突，锁管理器将授予该锁。

2. 几种常用的锁模式

1）共享锁 Share Lock（S 锁）

S 锁又称读锁。如果事务 T 对数据对象 A 加上共享锁，其他事务对 A 只能再加 S 锁，不能加 X 锁，直到事务 T 释放 A 上的 S 锁为止。如果没有其他事务加 S 锁，T 可以继续加 X 锁，反之，如果有其他事务加 S 锁，T 不可以继续加 X 锁。

用于不更改或不更新数据的操作（只读操作），如 SELECT 语句；S 锁允许并发事务读取（SELECT）一个资源。

2）排他锁 Exclusive Lock（X 锁）

X 锁也称为独占锁或写锁。一旦事务 T 对数据对象 A 加上排他锁，则只允许 T 读取和修改 A，其他任何事务既不能读取和修改 A，也不能再对 A 加任何类型的锁，直到 T 释放 A 上的锁为止。

用于数据修改的操作有很多，例如 INSERT、UPDATE 或 DELETE。确保不会同时对同一资源进行多重更新，可以使用排他锁。

3）更新锁 Update Lock

更新锁用于可更新的资源中，防止多个会话在读取、锁定以及随后可能进行的资源更新中发生常见形式的死锁。

一次只有一个事务可以获得资源的更新锁。如果事务修改资源，则更新锁转换为排他锁，否则锁转换为共享锁。

3. 死锁

锁机制的引入能解决并发用户的数据不一致性问题，但也会引起事务间的死锁问题。死锁的主要原因是两个或更多的事务竞争资源而直接或间接地相互等待。

锁分为活锁和死锁。

1）活锁

如果事务 Trans1 封锁了数据 R，Trans2 事务又请求封锁数据 R，于是 Trans2 等待。Trans3 也请求封锁 R，当 Trans1 释放了 R 上的封锁之后系统首先批准了 Trans3 的要求，Trans2 仍然等待。然后 Trans4 又请求封锁 R，当 Trans3 释放了 R 上的封锁之后系统又批准了 Trans4 的请求，……，Trans2 有可能永远等待。

解决活锁问题的常用方法：采用"先来先服务"的方式。

2）死锁

当两个事务 Trans1 和 Trans2 处于下列状态时，将产生死锁：

Trans1：存取数据项 X 和 Y；

Trans2：存取数据项 Y 和 X。

如果事务 Trans1 封锁了数据项 X，事务 Trans2 封锁了数据项 Y，则 Trans1 等待 Trans2 释放 Y 上的锁，Trans2 等待 Trans1 释放 X 上的锁。因此，Trans1 和 Trans2 都无限地等待对方打开锁住的数据项，从而产生死锁。这种多事务交错等待的僵持局面称为死锁。

解决死锁问题主要有两类方法：

（1）采用一次加锁法、顺序加锁法等来预防死锁的发生；

（2）采用超时法、有向图法等来定期诊断系统中有无死锁，若有则解除之：选择处理代价最小的事务作撤销操作，对撤销的事务所执行的数据修改操作要进行恢复。

注：SQL Server 能自动发现并解除死锁。

6.5 实　训

实训 6-1 【变量与函数的使用】

完成如下任务：

（1）创建一个名为"CustomerName"的局部变量，并在 SELECT 语句中使用该变量查找"客户"购买物料的情况（包括物料名称、单价）。

（2）用 T-SQL 语言编程输出 3~300 之间能被 7 整除的数。

（3）查询物料表中各产品的物料编号、物料名称和成本，对其价格按以下规则进行转换：若成本小于 1 000，替换为"廉价产品"；若成本为 1 000~2 000，替换为"一般产品"；若成本大于 2 000 小于 5 000，替换为"昂贵产品"；若成本大于 5 000，替换为"奢侈品"；列标题更改为"评价"。

（4）使用系统函数，计算今天距"2020-1-1"还剩多少天。

实训 6-2 【用户自定义函数】

（1）创建一个返回标量值的用户自定义函数 RectangleArea()，输入矩形的长和宽就能计算矩形的面积。请调用该函数，计算长为 5、宽为 3 的矩形的面积。

（2）根据物料编号，查询该物料的名称（函数名为"udf_GetCPName"）。

（3）创建一个用户自定义函数（内嵌表值函数），功能为产生某个物料的销售情况，内容为输入物料名称，输出物料编号、物料名称、销量。调用这个函数，显示内存的销售情况。

实训 6-3 【事务】

设计事务：从［张三］账户转给［李四］账户 8 万元。

（1）创建银行账户表：

create table 银行账户表

（账号 char（6），

账户 char（20），

存款余额 money）

（2）给账户插入信息，如

insert 银行账户表（账号，账户，存款余额）

values（'100001'，'张三'，1000000）

insert 银行账户表（账号，账户，存款余额）

values（'100002'，'李四'，80000）

insert 银行账户表（账号，账户，存款余额）

values（'100003'，'王五'，10）

（3）转账（UPDATE 操作）：

UPDATE 银行账户表

SET 存款余额＝存款余额－80000

WHERE 账号＝'100001'

UPDATE 银行账户表

SET 存款余额＝存款余额＋80000

WHERE 账号＝'100003'

（4）设计事务要求：控制转账金额一致（即转入与转出的金额一致）；如果账户余额不够，则回滚。

6.6 习 题

一、填空题

1. T－SQL 中的变量分为局部变量与全局变量，局部变量用＿＿＿开头，全局变量用＿＿＿开头。

2. T－SQL 提供了＿＿＿运算符，可将两个字符数据连接起来。

3. 在 WHILE 循环体内可以使用 BREAK 和 CONTINUE 语句，其中＿＿＿语句用于终止循环的执行，＿＿＿语句用于将循环返回到 WHILE 开始处，重新判断条件，以决定是否重新执行新的一次循环。

4. 在 T－SQL 中，若循环体内包含多条语句时，必须用＿＿＿＿语句括起来。

5. 在 T - SQL 中，可以使用嵌套的 IF... ELSE 语句来实现多分支选择，也可以使用____语句来实现多分支选择。

6. 在用户自定义函数中，语句 RETURNS INT 表示该函数的返回值是一个整型数据，____表示该函数的返回值是一个表。

7. 事务的 ACID 属性是指____性、____性、____性和____性。

8. SQL Server 聚合函数有求最大值函数、求最小值函数、求和函数、求平均值函数和计数函数等，它们分别是 MAX（   ）、____、____、AVG（   ）和 COUNT（   ）。

二、设计题

1. 使用 WHILE 语句求 1 ~ 100 的整数和。

2. 使用学籍管理数据库编写以下程序：

（1）在学生表 Student 中查找名为"宋涛"的同学（字段名为"Name"），如果存在，显示该同学的信息；否则显示"查无此人"。

（2）查看有无选修 10002 号课程的记录，如果有，则显示"有"，并查询选修 10002 号课程的人数（课程表 Course，课程号字段 CID）。

（3）使用学籍管理数据库，定义一个游标 student_cursor，删除学生表 Student 中第 1 行的数据。

（4）使用学籍管理数据库，定义一个游标 student_cursor，逐行读取学生表 Student 中的数据。

第七章

存储过程与触发器

📖 **本章学习目标**

　　本章介绍了存储过程与触发器的创建管理与应用。通过本章的学习，读者应能够根据需要创建、修改、删除存储过程和触发器，并能够在实际应用开发时灵活运用存储过程与触发器，以提高开发效率。

📚 **学习要点**

　　☑ 存储过程的创建、管理与应用；
　　☑ 触发器的创建、管理与应用。

7.1　存储过程

7.1.1　存储过程的定义

　　SQL Server 提供了一种方法，它可以将一些固定的操作集中起来由 SQL Server 数据库服务器来完成，以实现某个任务，这种方法就是存储过程。存储过程是 SQL 语句和可选控制流语句的预编译集合，存储在数据库中，可由应用程序通过一个调用执行，而且允许用户声明变量、有条件执行以及其他强大的编程功能。

　　（1）存储过程（procedure）类似于 C 语言中的函数；
　　（2）存储过程用来执行管理任务或应用复杂的业务规则；
　　（3）存储过程可以带参数，也可以返回结果；
　　（4）存储过程可以包含数据操纵语句、变量、逻辑控制语句等。
　　存储过程的原理如图 7－1 所示。

7.1.2　存储过程的优点

　　可以出于任何使用 SQL 语句的目的来使用存储过程，它具有以下优点：

　　（1）允许模块化程序设计：可以在单个存储过程中执行一系列 SQL 语句，可以从自己的存储过程内引用其他存储过程，这可以简化一系列复杂语句。

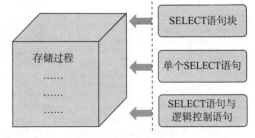

图 7－1　存储过程的原理

　　（2）执行速度更快：存储过程在创建时即在服务器上进行编译，所以执行起来比单个

SQL 语句快。

（3）减少网络流通量：存储过程可以减少网络通信的负担。

（4）提高系统的安全性。

7.1.3 存储过程的分类

在 SQL Server 中存储过程分为两类：系统存储过程和用户自定义存储过程。

1）系统存储过程

系统存储过程由系统定义，存放在 master 数据库中，它类似 C 语言中的系统函数，系统存储过程的名称都以"sp_"或"xp_"开头。

2）用户自定义存储过程

用户自定义存储过程是用户在自己的数据库中创建的存储过程，它类似 C 语言中的用户自定义函数。

7.1.4 常用的系统存储过程

系统存储过程存储在 master 数据库中，并以"sp_"为前缀，主要用来从系统表中获取信息，为系统管理员管理 SQL Server 提供帮助，为用户查看数据库对象提供方便，比如用来查看数据库对象信息的系统存储过程 sp_help、显示存储过程和其他对象的文本的存储过程 sp_helptext 等。常用的系统存储过程见表 7 - 1。

表 7 - 1 常用的系统存储过程

系统存储过程	说明
sp_databases	列出服务器上的所有数据库
sp_helpdb	报告有关指定数据库或所有数据库的信息
sp_renamedb	更改数据库的名称
sp_tables	返回当前环境下可查询的对象的列表
sp_columns	返回某个表列的信息
sp_help	查看某个表的所有信息
sp_helpconstraint	查看某个表的约束
sp_helpindex	查看某个表的索引
sp_stored_procedures	列出当前环境中的所有存储过程
sp_password	添加或修改登录账户的密码
sp_helptext	显示默认值、未加密的存储过程、用户定义的存储过程、触发器或视图的实际文本

调用常用的系统存储过程，可以使用 EXEC，如：

```
EXEC sp_databases                        -- 列出当前系统中的数据库
EXEC  sp_renamedb'Northwind','Northwind1'-- 修改数据库的名称(单用户访问)
USE stuDB                                -- 当前数据库中查询的对象的列表
```

```
GO
EXEC sp_tables                          --返回某个表列的信息
EXEC sp_columns stuInfo                 --返回某个表列的信息
EXEC sp_help stuInfo                    --查看表 stuInfo 的信息
EXEC sp_help constraint stuInfo         --查看表 stuInfo 的约束
EXEC sp_help index stuMarks             --查看表 stuMarks 的索引
EXEC sp_help text'view_stuInfo_stuMarks'--查看视图的语句文本
EXEC sp_stored_procedures               --查看当前数据库中的存储过程
```

7.1.5 创建与调用存储过程

在 SQL Server 中,可以使用 3 种方法创建存储过程:

(1)使用创建存储过程向导创建存储过程。

(2)利用 SQL Server 企业管理器创建存储过程。

(3)使用 T–SQL 语句中的 CREATE PROCEDURE 命令创建存储过程。

下面介绍 CREATE PROCEDURE 命令的使用。

定义存储过程的语法格式如下:

```
CREATE PROC[EDURE]存储过程名
    @参数 数据类型 =默认值 OUTPUT,
    ……,
    @参数 n  数据类型 =默认值 OUTPUT
AS
    SQL 语句
GO
```

参数说明如下:

(1)和 C 语言的函数一样,参数可选;

(2)参数分为输入参数、输出参数;

(3)输入参数允许有默认值;

(4)OUTPUT 表明该参数是一个返回参数。

注意事项

使用 T–SQL 语句中的 CREATE PROCEDURE 命令创建存储过程前,应该考虑下列几个事项:

(1)不能将 CREATE PROCEDURE 语句与其他 SQL 语句组合到单个批处理中。

(2)存储过程可以嵌套使用,嵌套的最大深度不能超过 32 层。

(3)创建存储过程的权限默认属于数据库所有者,该所有者可将此权限授予其他用户。

(4)存储过程是数据库对象,其名称必须遵守标识符规则。

（5）只能在当前数据库中创建存储过程。

（6）一个存储过程的最大尺寸为 128M。

【例 7.1】 创建一个名为"proc_test1"的存储过程，该存储过程有一个输入参数@ name。

```
CREATE PRECEDURE proc_test1
@name VARCHAR(10)
AS
    -- 语句省略
GO
```

直接执行存储过程可以使用 EXECUTE 命令，其语法格式如下：

```
EXEC[UTE]过程名[参数]
```

【例 7.2】 使用 EXECUTE 命令传递单个参数，调用【例 7.1】中的存储过程 proc_test1，以 titles 为参数值。proc_test1 存储过程需要参数（@ name）。

```
EXEC proc_test1 titles
-- 当然,在执行过程中变量可以显式命名
EXEC proc_test1 @name = titles
```

1. 创建不带参数的存储过程

【例 7.3】 创建一个没有参数的存储过程 proc_ItemInfo，查询物料的基本信息。

```
CREATE PROCEDURE proc_ItemInfo
AS
  SELECT * FROM 物料表
GO
```

2. 创建带参数的存储过程

存储过程的参数分两种——输入参数、输出参数，如图 7-2 所示。

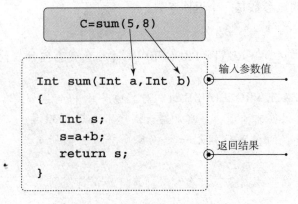

图 7-2 带参数的存储过程示意

（1）输入参数：用于向存储过程传入值，类似 C 语言的按值传递；

（2）输出参数：用于在调用存储过程后，返回结果，类似 C 语言的按引用传递。

【例 7.4】 创建一个带参数的存储过程 proc_test2，该存储过程的功能是获取 value 值在某一个区间的表 table1 的所有信息。

```
CREATE PROC proc_test2
  @value1 INT,
  @value2 INT
AS
  SELECT * FROM table1
  WHERE value BETWEEN @value1 and @value2
GO
```

【例 7.5】 调用带参数的存储过程 proc_test2。假设要显示 value 在 1 000 到 2 000 之间的信息。

```
EXEC test2  1000,2000
 --或这样调用：
EXEC proc_ test2 @value1 =1000,@value2 =2000
```

3. 带参数默认值的存储过程

【例 7.6】 创建带参数默认值的存储过程 proc_test3。

```
CREATE Proc proc_test3
@value1 INT =100,
@value2 INT =200
AS
BEGIN
    --SQL 代码省略
END
GO
```

【例 7.7】 调用带参数默认值的存储过程 proc_test3。

```
EXEC proc_ test3          --都采用默认值
EXEC proc_ test3 64       --value2 采用默认值
EXEC proc_ test3 60,55    --都不采用默认值


--错误的调用方式:希望 value1 采用默认值,value2 不采用默认值
EXEC proc_stu,55


-- 正确的调用方式:
EXEC proc_stu @value2 =55
```

强调：

（1）默认值放在参数的数据类型后面，而不是放在参数变量的后面。

（2）为了调用方便，推荐将默认参数放在参数列表的最后。

4. 带输出参数的存储过程

如果调用批命令将变量作为参数传入存储过程，而参数在存储过程中被修改，则修改不会传给调用该存储过程的命令，除非生成和执行存储过程时对参数指定 OUTPUT 关键字。也就是说，如果希望调用存储过程后，返回一个或多个值，就需要使用输出（OUTPUT）参数。

【例 7.8】 创建带输出参数的存储过程 proc_test4。

```
CREATE PROCEDURE proc_test4
@value VARCHAR(50),@value_out VARCHAR(50) OUTPUT
AS
    SELECT @value_out = valueX
    FROM table1
    WHERE value = @value
    RETURN
GO
```

【例 7.9】 调用带输出参数的存储过程 proc_test4。

注意：调用带输出参数的存储过程要声明一个存储返回值的变量，执行语句还要包括 OUTPUT 关键字，否则修改无法在调用中反映出来。

```
DECLARE @value_save  VARCHAR(50)
EXEC test4 @value = 'myValue',@value_out = @value_save OUTPUT
PRINT  @value_save
GO
```

注意：参数名（这里是@value_out）在表达式左边列出，而本地变量（@value_save）则设置为等于输出参数的值，在表达式右边列出。

5. 处理存储过程中的错误

可以使用 PRINT 语句显示错误信息，但这些信息是临时的，只能显示给用户。

RAISERROR 语句显示用户定义的错误信息时可指定严重级别，设置系统变量@@ERROR，记录所发生的错误等。

raiserror 语句的用法如下：

```
raiserror(msg_id |msg_str,severity,state WITH option[,...n])
```

参数说明如下：

（1）msg_id：在 sysmessages 系统表中指定用户定义错误信息。

（2）msg_str：用户定义的特定信息，最长为 255 个字符。

（3）severity：定义严重性级别。用户可使用的级别为 0 ~ 18 级。

（4）state：表示错误的状态，取 1 至 127 之间的值。

（5）option：指示是否将错误记录到服务器错误日志中。

【例 7.10】　完善【例 7.10】，当用户调用存储过程 proc_test5 时，传入的参数不在 0 ~ 100 范围中时，将弹出错误警告，终止存储过程的执行。

```
CREATE PROC proc_test5
    @value1 INT,
    @value2 INT
AS
    IF( NOT @value1 BETWEEN 0 AND 100)
        OR( NOT @value2 BETWEEN 0 AND 100)
    BEGIN
        raiserror('传入值错误,请指定 0 到 100 之间的数值,统计中断退出',16,1)
        RETURN    ---立即返回,退出存储过程
    END
    SELECT * FROM table1
    WHERE value BETWEEN @value1 AND @value2
GO
```

7.1.6　管理存储过程

1. 查看存储过程

存储过程被创建之后，它的名字就存储在系统表 sysobjects 中，它的源代码存放在系统表 syscomments 中。可以使用企业管理器或系统存储过程来查看用户创建的存储过程。

1）使用企业管理器查看用户创建的存储过程

在企业管理器中，打开指定的服务器和数据库项，选择要创建存储过程的数据库，单击"存储过程"文件夹，此时在右边的页框中显示该数据库的所有存储过程。用鼠标右键单击要查看的存储过程，从弹出的快捷菜单中选择"属性"选项，此时便可以看到存储过程的源代码。

2）使用系统存储过程来查看用户创建的存储过程

可供使用的系统存储过程及其语法形式如下：

（1）sp_help：用于显示存储过程的参数及其数据类型。

sp_help〔〔@ objname =〕name〕　　——参数 name 为要查看的存储过程的名称

（2）sp_helptext：用于显示存储过程的源代码。

sp_helptext〔〔@ objname =〕name〕　　——参数 name 为要查看的存储过程的名称

（3）sp_depends：用于显示和存储过程相关的数据库对象。

sp_depends〔@ objname =〕'object'——参数 object 为要查看依赖关系的存储过程的名称

（4）sp_stored_procedures：用于返回当前数据库中的存储过程列表。

2. 修改存储过程

存储过程可以根据用户的要求或者基表定义的改变而改变。使用 ALTER PROCEDURE 语句可以更改先前通过执行 CREATE PROCEDURE 语句创建的过程，但不会更改权限，也不影响相关的存储过程或触发器。其语法形式如下：

```
 ALTER PROCEDURE procedure_name
[{@parameterdata_type}
[VARYING][ =default][OUTPUT]][,...n]
[WITH{RECOMPILE |ENCRYPTION |RECOMPILE,ENCRYPTION}]
[FOR REPLICATION]
AS
sql_statement[...n]
```

【例 7.11】 修改存储过程 proc_test4，添加一个输出参数。

```
ALTER PROCEDURE proc_test4
@value1 INT =100,
@value2 INT =200,
@value3 INT OUTPUT
AS
BEGIN
    --SQL 代码省略
END
GO
GO
```

注意：利用 WITH ENCRYPTION 进行加密后的存储过程不能修改。

3. 重命名存储过程

修改存储过程的名称可以使用系统存储过程 sp_rename，其语法形式如下：

```
sp_rename   原存储过程名称,新存储过程名称
```

【例 7.12】 重命名存储过程 proc_test4 为 proc_test6。

```
sp_rename proc_test4,proc_test6
GO
```

另外，通过企业管理器也可以修改存储过程的名称。

4. 删除存储过程

删除存储过程可以使用 DROP 命令，DROP 命令可以将一个或者多个存储过程或者存储过程组从当前数据库中删除，其语法形式如下：

```
DROP PROCEDURE {procedure}[,…n]
```

【例7.13】 删除存储过程 proc_test6。

```
DROP PROCEDURE proc_test6
GO
```

当然，利用企业管理器也可以很方便地删除存储过程。

5. 存储过程的重新编译

在使用了一次存储过程后，可能会因为某些原因，必须向表中新增加数据列或者为表新添加索引，从而改变了数据库的逻辑结构。这时，需要对存储过程进行重新编译，SQL Server 提供 3 种重新编译存储过程的方法：

1）在建立存储过程时设定重新编译

语法格式如下：

```
CREATE  PROCEDURE  procedure_name
WITH  RECOMPILE
AS  sql_statement
```

2）在执行存储过程时设定重编译

语法格式如下：

```
EXECUTE  procedure_name  WITH  RECOMPILE
```

3）通过使用系统存储过程设定重编译

语法格式如下：

```
EXEC  sp_recompile  OBJECT
```

7.2 触 发 器

7.2.1 触发器的定义

触发器（trigger）是 SQL Server 提供给程序员和数据分析员用来保证数据完整性的一种方法，它是与表事件相关的特殊的存储过程，它的执行不是由程序调用，也不是手工启动，而是由事件来触发，比如当对一个表进行操作（INSERT、DELETE、UPDATE）时就会激活它执行。

7.2.2 触发器的特点

（1）触发器不能直接调用，只有在对触发器表的数据进行更改时，才自动执行。

（2）触发器不能传递和接受参数。

（3）触发器可通过数据库中的相关表实现级联更改，实现多个表之间数据的一致性和完整性。

（4）触发器可以强制比用 CHECK 约束定义的约束更为复杂的约束。与 CHECK 约束不同，触发器可以引用其他表中的列。

（5）触发器也可以评估数据修改前后的表状态，并根据其差异采取对策。

7.2.3 INSERTED 表与 DELETED 表

触发器触发时：系统自动在内存中创建 DELETED 表或 INSERTED 表，这两张表只读，不允许修改；触发器执行完成后，自动删除。

INSERTED 表：临时保存了插入或更新后的记录行，可以从 INSERTED 表中检查插入的数据是否满足业务需求，如果不满足，则向用户报告错误消息，并回滚插入操作。

DELETED 表：临时保存了删除或更新前的记录行，可以从 DELETED 表中检查被删除的数据是否满足业务需求，如果不满足，则向用户报告错误消息，并回滚插入操作。

INSERTED 表和 DELETED 表触发原理见表 7-2。

表 7-2　INSERTED 表和 DELETED 表触发原理

操作	INSERTED 表	DELETED 表
增加（INSERT）记录	存放新增的记录	—
删除（DELETE）记录	—	存放被删除的记录
修改（UPDATE）记录	存放更新后的记录	存放更新前的记录

7.2.4 创建触发器

创建触发器的语法格式如下：

```
CREATE TRIGGER trigger_name
ON{TABLE |VIEW}
{For |After |Instead Of }[UPDATE][,][INSERT][,][DELETE]
[WITH ENCRYPTION]
AS
BEGIN
  [if UPDATE(col_name)[{and|or} UPDATE(col_name)]]
  sql_statement[…n]
END
```

参数说明如下：

（1）tr_name：触发器名称。

（2）on TABLE/VIEW：触发器所作用的表。一个触发器只能作用于一个表。

（3）for 和 after：同义。在触发事件发生以后才被激活，只可以建立在表上。

（4）Instead of：代替了相应的触发事件而被执行，既可以建立在表上，也可以建立在视图上。

（5）INSERT、UPDATE、DELETE：激活触发器的 3 种操作，可以同时执行，也可选其一。

（6）WITH ENCRYPTION 加密 syscomments 表中包含 CREATE TRIGGER 语句文本的条目。使用 WITH ENCRYPTION 可防止将触发器作为 SQL Server 复制的一部分发布。

（7）if UPDATE（col_name）：表明所作的操作对指定列是否有影响，若有影响，则激活触发器。此外，因为 DELETE 操作只对行有影响，所以如果使用 DELETE 操作就不能用这条语句了（虽然使用也不出错，但是不能激活触发器，没意义）。

（8）触发器执行时用到的两个特殊表：DELETED、INSERTED。DELETED 表和INSERTED 表可以说是特殊的临时表，是在激活触发器时由系统自动生成的，其结构与触发器作用的表的结构是一样的，只是存放的数据有差异。

【例 7.14】 设计一个触发器（tr_update），当向课程表中修改课程名称时触发该触发器，如果该课程正在被选修，则课程名不能进行修改。

```
CREATE TRIGGERtr_update ON 物料
FOR UPDATE
AS
BEGIN
  IF UPDATE(物料名称)
     IF(SELECT COUNT( *
             FROM inserted,采购订单分录
         WHERE inserted. 物料代码 = 采购订单分录. 物料代码) >0
         ROLLBACK TRANSACTION
END
```

触发器执行完成后，进行如下测试：

已知：物料表和采购订单分录表，见表 7 - 3、表 7 - 4：

表 7 - 3 物料表

分录号	采购订单号	物料代码	订货数量	单价	金额	单位	交货日期
1	DJ001	2001	100	50	5000	块	2015 - 9 - 9 00：00：00
2	DJ001	2002	10	50	500	个	2015 - 10 - 09 00：00：00
3	DJ002	2002	10	50	500	个	2015 - 10 - 10 00：00：00
4	DJ001	2003	300	10	3000	个	2014 - 01 - 10 00：00：00
5	DJ004	2002	200	10	2000	个	2013 - 10 - 10 00：00：00
6	DJ001	2003	1	10	10	件	空 暂无交货日期

表7-4 采购订单分录表

物料代码	物料名称	物料类别	计量单位
1001	黑板	1	块
1002	黑板擦	1	块
1003	粉笔	1	盒
1004	橡皮	1	包
2001	显示器	2	台
2002	鼠标	2	个
2003	键盘	2	个
2004	机箱	2	个
3001	座椅	3	把
3002	书桌	3	张

在查询分析器中,分别执行如下语句,观察结果,如图7-3所示。

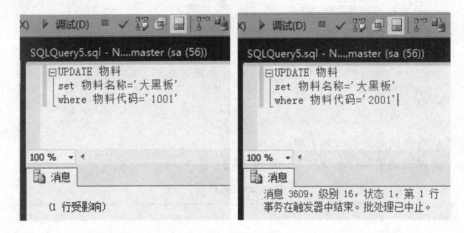

图7-3 执行结果

7.2.5 管理触发器

1. 查看触发器

(1) sp_help trigger_name:用于查看触发器的名称、属性、类型、创建时间等一般信息。

(2) sp_helptext trigger_name:用于查看触发器的正文信息。

(3) sp_depends trigger_name|table_name:用于查看触发器所引用的表或表所涉及的触发器。

2. 修改触发器

使用 ALTER TRIGGER 语句可以更改先前通过执行 CREATE TRIGGER 语句创建的触发器。

【例 7.15】 修改触发器（tr_update），在原有触发器功能的前提下，新增功能如下：在确实修改了课程表中的数据后返回"已修改"，否则返回"不存在要修改的数据"。

```
ALTER TRIGGER tr_update  ON  物料
FOR  UPDATE
AS
BEGIN
IF UPDATE(物料名称)
    IF(SELECT COUNT(*)
        FROM inserted.采购订单分录
        WHERE 采购订单分录.物料代码 = inserted.物料代码) > 0
        ROLLBACK TRANSACTION
IF((SELECT COUNT(*) FROM inserted) > 0)
    Print '采购订单分录表已修改'
ELSE
    Print '不存在要修改的数据'
END
GO
```

3. 重命名触发器

修改触发器的名称可以使用系统存储过程 sp_rename，其语法形式如下：

```
sp_rename  原触发器名称,新触发器名称
```

【例 7.16】 重命名触发器 tr_update 为 tr_updateNew。

```
sp_rename tr_update,tr_updateNew
GO
```

另外，通过企业管理器也可以修改触发器的名称。

4. 删除触发器

删除触发器可以使用 DROP 命令，DROP 命令可以将一个或者多个触发器从当前数据库中删除，其语法形式如下：

```
DROP TRIGGER
[schema_name.]trigger_name[,...n][;]
```

【例 7.17】 删除触发器 tr_updateNew。

```
DROPTRIGGER tr_updateNew
GO
```

当然，利用企业管理器也可以很方便地删除触发器。

7.3 实 训

实训 7-1 【存储过程基础训练】

第一题：基础训练。请用 SQL 语句完成下面的题目。

（1）创建存储过程 p1。检查编号为"E0001"的员工是否存在，如果存在，显示该员工的所有信息，如果不存在，显示"该员工不存在！"

（2）创建存储过程 p2。根据员工编号检查该员工是否存在，如果存在，显示该员工的所有信息，如果不存在，显示"该员工不存在！"。

（3）调用该存储过程 p2，检查编号为"E0003"的员工是否存在。

（4）创建存储过程 p3，根据员工编号比较两个员工的薪水，输出薪水较高的员工的员工编号，并调用该存储过程比较"E0001""E0003"的实际收入。

（5）创建存储过程 p4，要求当一个职称为"职员"的员工的工作年份大于 30 年时将其提升为"经理"。

（6）创建存储过程 p5，通过该存储过程可以添加员工记录。

（7）用最快的方式为员工表增加一个"学历"列，并输入数据（专科 \ 本科 \ 研究生）。然后，创建存储过程，根据员工编号检查员工学历并根据学历增加员工的薪水（专科300，本科500，研究生800。）

（8）删除存储过程 p1、p2、p3、p4、p5、p6

第二题：提高题。

（1）请思考存储过程都可以用在哪里呢？它有哪些作用？

（2）对于以下常用的系统存储过程，请查找帮助系统，说明它们的作用及用法：

①sp_attatch_db；

②Sp_rename；

③Sp_helpdb；

④Sp_bindrule；

⑤Sp_help；

⑥Sp_helptext；

⑦Sp_unbindrule；

⑧Sp_bindefault；

⑨Sp_addtype；

⑩Sp_addmessage；

⑪Sp_procoption；

⑫Sp_recompile；

⑬Sp_helptrigger；

⑭Sp_dboption；

⑮Sp_fulltext_database；

⑯Sp_fulltext_catalog；

⑰Sp_fulltext_table；

⑱Sp_fulltext_column；

⑲Sp_password。

实训7-2 【存储过程综合训练】

1. 创建不带参数的存储过程

【步骤1】创建存储过程，查看考试平均分以及未通过考试的学员名单（笔试和机试都通过了60分才算通过）。

```
CREATE PROCEDURE proc_stu
AS
    declare @avgwri float,@avglab float
    select @avgwri = avg(笔试成绩),@avglab = avg(上机成绩)from 成绩表
                                    --笔试平均分和机试平均分变量
    print '笔试成绩分数
            =' +convert(varchar(10),@avgwri)
    print '上机成绩分数
            =' +convert(varchar(10),@avglab)
    if @avgwri >70 and @avglab >70
        print'本班成绩:优秀'              --显示考试成绩的等级
    else
        print'本班成绩:较差'              --显示未通过的学员
    print ' --------------------------- '
    print '       参加考试不及格的学生'
    select a.学生姓名,a.学号,b.笔试成绩,b.上机成绩
    from 学生信息表 as a
    inner join 成绩表 as b on a.学号 =b.学号
    where b.笔试成绩 <60 or b.上机成绩 <60
GO
```

2. 创建带参数的存储过程

【步骤2】修改上面的【步骤1】。由于每次考试的难易程度不一样，每次笔试和机试的及格线可能随时变化（不再是分），这导致考试的评判结果也相应变化。

说明：根据试卷的难度，希望笔试和机试的及格线应该是随时变化的，而不是固定的

60 分。

分析：

在述存储过程添加个输入参数：@ writtenPass——笔试及格线、@ labPass——机试及格线。

```
-- 带输入参数的存储过程
create procedure proc_stu2
    @writtenPass int,    -- 输入参数:笔试及格线
    @labPass int         -- 输入参数:机试及格线
AS
    print ' ======================== '
    print '参加考试不及格的学生'
    select a.学生姓名,a.学号,b.笔试成绩,b.上机成绩
    from 学生信息表 as a   -- 查询没有通过考试的学员
    inner join 成绩表 as b on a.学号 = b.学号
    where b.笔试成绩 < @writtenpass or b.上机成绩 < @labpass
GO
```

调用带参数的存储过程：

——假定本次考试机试偏难，机试的及格线定为 60 分，笔试及格线定为 55 分

——机试及格线降分后，李斯文成为"漏网之鱼"了

```
exec proc_stu2 60,55
-- 或这样调用:
EXEC proc_stu2 @labPass = 55,@writtenPass = 60
```

3. 带输入参数的默认值

【步骤3】如果试卷的难易程度合适，而调用者还是如此调用就比较麻烦：

```
EXEC  proc_stu2 60,60
```

这样调用就比较合理：

```
EXEC  proc_stu2  55 -- 笔试及格线为默认的标准分,机试及格线为 55 分
EXEC  proc_stu2     -- 笔试和机试及格线都默认为标准的分
```

```
create procedure proc_stu3
    @writtenPass int = 60,   -- 笔试及格线:默认为 60 分
    @labPass int = 60        -- 机试及格线:默认为 60 分
AS
    print ' ======================== '
    print '参加本次考试没有通过的学员:'
    select a.学生姓名,a.学号,b.笔试成绩,b.上机成绩
```

```
    from 学生信息表 as a --查询没有通过考试的学员
    inner join 成绩表 as b ON a.学号 =b.学号
    WHERE 笔试成绩 <@writtenPass OR 上机成绩 <@labPass
GO
```

调用带参数默认值的存储过程：

```
EXEC proc_stu    --都采用默认值
EXEC proc_stu 64    --机试采用默认值
EXEC proc_stu 60,55    --都不采用默认值

--错误的调用方式:希望笔试采用默认值,机试及格线为 55 分
EXEC proc_stu,55

--正确的调用方式:
EXEC proc_stu @labPass =55
```

4. 带输出参数的存储过程

如果希望调用存储过程后，返回一个或多个值，这时就需要使用输出参数（OUTPUT）了。

【步骤4】修改【步骤3】，返回未通过考试的学员人数。

```
CREATE PROCEDURE proc_stu4
    @notpassSum int OUTPUT, --输出(返回)参数:表示没有通过的人数
    @writtenPass int =60,
    @labPass int =60
    AS
        ......    --推荐将默认参数放后
select a.学生姓名,a.学号,b.笔试成绩,b.上机成绩
from 学生信息表 as a    --统计并返回没有通过考试的学员人数
inner join 成绩表 as b on a.学号 =b.学号
where b.笔试成绩 <@writtenpass or b.上机成绩 <@labpass
select @notpassnum =count(学号)
from 成绩表
where 笔试成绩 <@writtenpass or 上机成绩 <@labpass
GO
```

强调：

（1）默认值放在参数的数据类型后面，而不是放在参数变量的后面。

（2）为了调用方便，推荐将默认参数放置在参数列表的最后。

调用带输出参数的存储过程如下：

```
    /*  ---调用存储过程----*/
DECLARE @sum int
EXEC proc_stu @sum OUTPUT,64    --调用时必须带 OUTPUT 关键字,返回结果将存放
在变量@sum 中
print'════════════════════════════'
IF @sum>=3      --后续语句引用返回结果
    print'未通过人数:'+convert(varchar(5),@sum)+'人,超过% ,及格分数线
还应下调'
ELSE
    print'未通过人数:'+convert(varchar(5),@sum)+'人,已控制在% 以下,及
格分数线适中'
GO
```

强调：调用时也必须跟随关键字 OUTPUT，否则 SQL Server 将视为输入参数。

实训 7-3 【触发器】

第一题：基础训练。请用 SQL 语句完成下面的题目。

（1）创建触发器 t1，当在销售明细表中插入或修改一条记录时，通过触发器检查记录的产品编号值在产品名称表中是否存在，如果不存在，则取消插入或修改操作。

（2）创建触发器 t2，在删除销售主表中一条记录的同时删除该记录产品编号字段值在销售明细表中对应的记录。

（3）创建触发器 t3，当删除销售数据库的一个表时，提示"不能删除表"，并回滚删除表的操作。

（4）删除触发器 t1、t2、t3。

第二题：提高题。

（1）删除后触发器的设计和触发。

①在客户表中建立触发器，进行删除操作，保证删除客户记录时，查询销售主表中相应的记录，只有销售主表中没有相应客户的信息时才允许删除。设计触发器的程序流程，注意给出适当的提示信息。

②激发触发器（提示，可以先取消外键约束）。

（2）请根据你的理解，说明触发器的分类和作用及每种触发器的触发动作和触发时机。

7.4 习　　题

一、填空题

1. 存储过程是 SQL Server 服务器中____ T-SQL 语句的集合。

2. 创建存储过程实际是对存储过程进行定义的过程，主要包含____及其____和存储过程的主体两部分。

3. 在定义存储过程时，若有输入参数则应放在关键字 AS 的____说明，若有局部变量则应放在关键字 AS 的____定义。

4. 在存储过程中，若在参数的后面加上____，则表明此参数为输出参数，执行该存储过程必须声明变量来接受返回值，并且在变量后必须使用关键字。

5. 触发器是一种特殊的____，基于表而创建，主要用来保证数据的完整性。

6. 替代触发器（INSTEAD OF）在数据变动前被触发，对于每个触发操作，只能定义____个 INSTEAD OF 触发器。

7. 当某个表被删除后，该表上的____将自动被删除。

二、选择题

1. 在 SQL Server 服务器上，存储过程是一组预先定义并____的 T - SQL 语句。

A. 保存　　　　　　　B. 编译　　　　　　　C. 解释　　　　　　　D. 编写

2. 使用 EXECUTE 语句来执行存储过程时，在____情况下可以省略该关键字。

A. EXECUTE 语句是批处理中的第一条语句时

B. EXECUTE 语句在 DECLARE 语句之后

C. EXECUTE 在 GO 语句之后

D. 任何时候

3. 可以查看表的行数以及表使用的存储空间信息的系统存储过程是____。

A. sq_spaceused　　　B. sq_depends　　　C. sq_help　　　D. sq_rename

4. 在 SQL Server 中，没有____类型。

A. INSERT 触发器　　B. UPDATE 触发器　　C. DELETE 触发器　　D. SELECT 触发器

5. SQL Server 为每一个触发器建立了两个临时表，它们是____。

A. INSERTED 和 UPDATED　　　　　　　B. INSERTED 和 DELETED

C. UPDATED 和 DELETED　　　　　　　D. SELECTED 和 INSERTED

6. 以下关于存储过程的说法中错误的是____。

A. 不可以在存储过程内引用临时表

B. 存储过程中参数的最大数目为 2 100

C. 存储过程中局部变量的最大数目仅受可用内存的限制

D. 根据可用内存的不同，存储过程的最大可用内存可达 128MB

7. 已知员工和员工亲属两个关系，当员工调出时，应该从员工关系中删除该员工的元组，同时在员工亲属关系中删除对应的亲属元组。在 SQL 语言中利用触发器定义这个完整性约束的短语是____。

A. INSTEAD OF DELETE　　　　　　　B. INSTEAD OF DROP

C. AFTER DELETE　　　　　　　　　　D. AFTER UPDATE

三、设计题

1. 使用学籍管理数据库设计以下存储过程。

（1）查询选课表 SC 中选修课程编号为"10001"的课程的学生的学号和成绩的信息。

```
CREATE PROCEDUTE(    ①    )
AS
SELECT 学号 = sid,成绩 = grade
FROM SC
WHERE SC = (    ②    )
```

存储过程创建完成后，执行以下存储过程：

```
EXEC(    ③    )
```

（2）查询选课表 SC 中成绩排名前三位的学生的信息。

```
CREATE PROC(    ①    )
@Cno char(5)
AS
SELECT TOP 3 学号 = sid,成绩 = grade
FROM sc
WHERE cid = (    ②    )
ORDER BY(    ③    ),sid ASC
```

存储过程创建完成后，执行存储过程（输入参数：课程编号 "10002"）：

```
DECLARE(    ④    )
EXEC prosc_list(    ⑤    )
```

（3）查询选修某门课程的总人数。

（4）创建一个返回执行状态码的存储过程，它接受课程号为输入参数，如果执行成功，返回 0；如果没有给课程号，返回错误码 1；如果给出的课程号不存在，返回错误码 2；如果出现其他错误，返回错误码 3。

2. 使用 T - SQL 语言中的 CREATE TRIGGER 命令可以创建 DML 触发器，其语法格式如下：

```
CREATE TRIGGER[schema_name.]trigger_name ON { table | view }
[WITH < dml_trigger_option >[,...n]]{ FOR | AFTER | INSTEAD OF }
{[INSERT][,][UPDATE][,][DELETE]}
AS { sql_statement [;][,...n]}
< dml_trigger_option >::=[ENCRYPTION][EXECUTE AS Clause]
```

在课程表 Course 中建立一个 UPDATE 触发器，当用户修改课程的学分时，显示不允许修改学分的提示。

第八章

用户管理

✎ **本章学习目标**

本章介绍数据库安全性问题和安全性机制、登录账户管理、角色的作用和类型，以及权限管理的内容。通过对本章的学习，读者应了解用户和架构分析、数据库角色和应用程序角色，掌握权限管理的基本方法。

📓 **学习要点**

☑ 安全性问题和安全性机制；
☑ 创建登录账户、数据库用户；
☑ 角色；
☑ 权限管理。

8.1　SQL Server 2012 的安全机制概述

安全性是所有数据库管理系统的一个重要特征。理解安全性问题是理解数据库管理系统安全性机制的前提。

（1）第一个安全性问题：当用户登录数据库系统时，如何确保只有合法的用户才能登录到系统中？这是一个最基本的安全性问题，也是数据库管理系统提供的基本功能。

在 Microsoft SQL Server 系统中，通过身份验证模式和主体解决这个问题。

①身份验证模式。

Microsoft SQL Server 提供了两种身份验证模式：Windows 身份验证模式和混合模式。

a. Windows 身份验证模式：在该模式中，用户通过 Windows 用户账户连接 SQL Server 时，使用 Windows 操作系统中的账户名和密码。

b. 混合模式：在混合模式中，当客户端连接到服务器时，既可以采取 Windows 身份验证，也可以采取 SQL Server 身份验证。

查看与更改身份验证模式的过程如图 8－1 所示。

②主体。

主体是可以请求系统资源的个体或组合过程。例如，数据库用户是一种主体，可以按照自己的权限在数据库中执行操作和使用相应的数据。

Microsoft SQL Server 系统有多种不同的主体，不同主体之间是典型的层次结构关系，位于不同层次上的主体在系统中影响的范围也不同。层次比较高的主体，其作用范围比较大；层次比较低的主体，其作用范围比较小。

<content>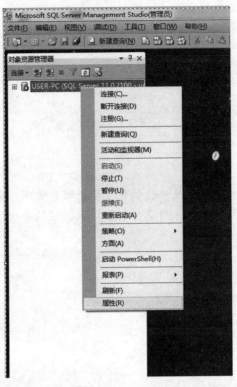</content>

<content>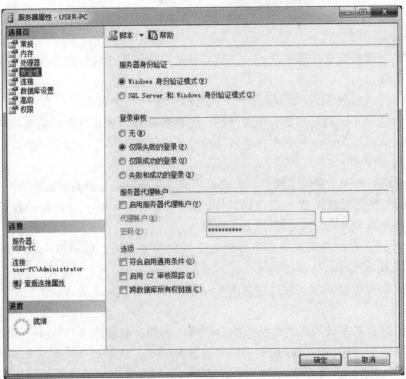</content>

图 8-1　查看与更改身份验证模式

数据库主体和安全对象示意如图 8 - 2 所示。

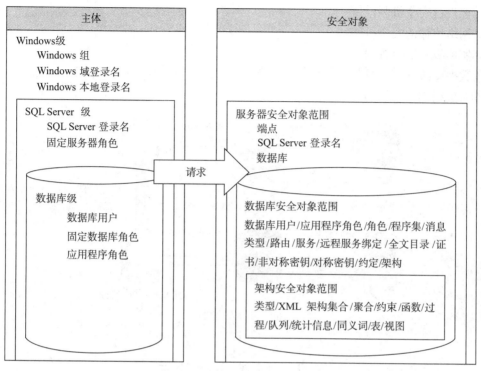

图 8 - 2 数据库主体和安全对象示意

（2）第二个安全性问题：当用户登录到系统中，其可以执行哪些操作？使用哪些对象和资源？

在 Microsoft SQL Server 2012 系统中，通过安全对象和权限设置来解决这个问题，后续章节会具体讲解。

（3）第三个安全性问题：数据库中的对象由谁所有？如果是由用户所有，那么当用户被删除时，其所拥有的对象怎么办？难道数据库对象可以成为没有所有者的"孤儿"吗？

在 Microsoft SQL Server 系统中，这个问题是通过用户和架构分离来解决的，如图 8 -3 所示。

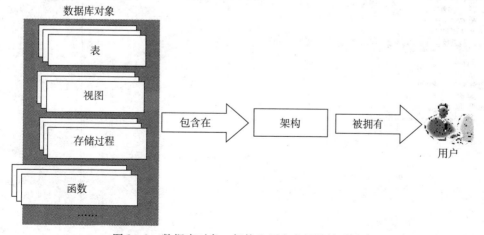

图 8 - 3 数据库对象、架构和用户之间的关系示意

安全机制（图8-4）的5个等级如下：

①客户机安全机制；

②网络传输的安全机制；

③实例级别安全机制；

④数据库级别安全机制；

⑤对象级别安全机制。

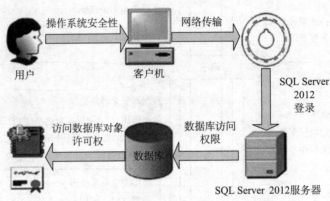

图8-4　安全机制

8.2　创建登录账户

8.2.1　创建 Windows 登录账户

创建 Windows 登录账户的过程如图8-5~图8-11所示。

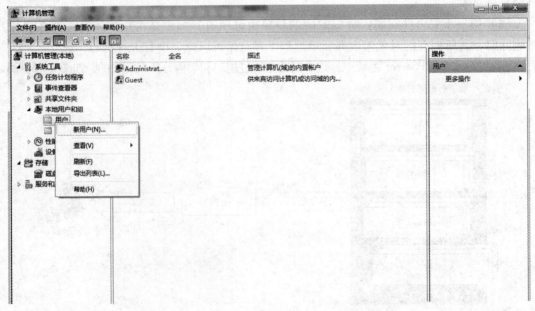

图8-5　在"计算机管理"下新建用户

图 8 - 6　新建用户信息

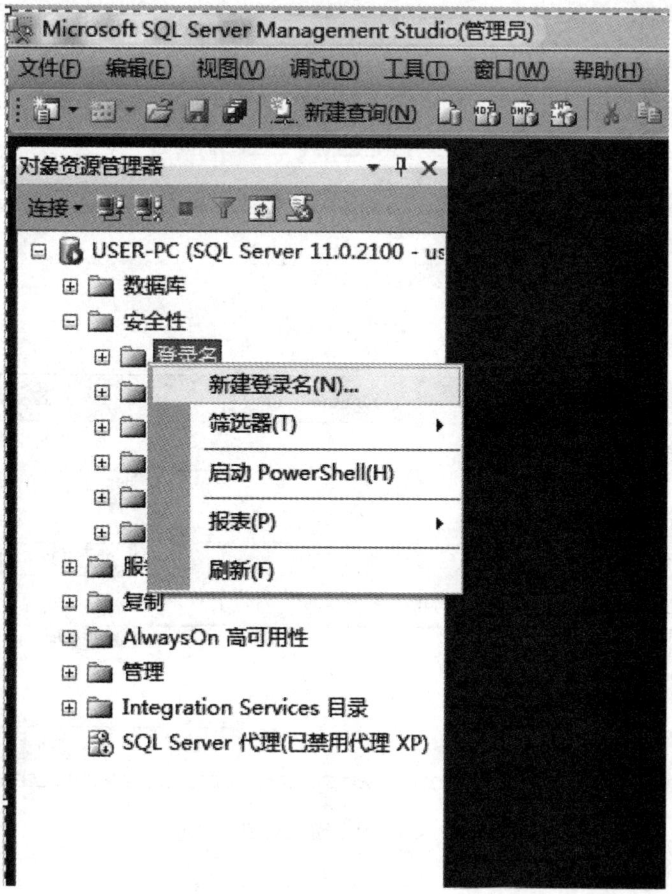

图 8 - 7　新建登录名

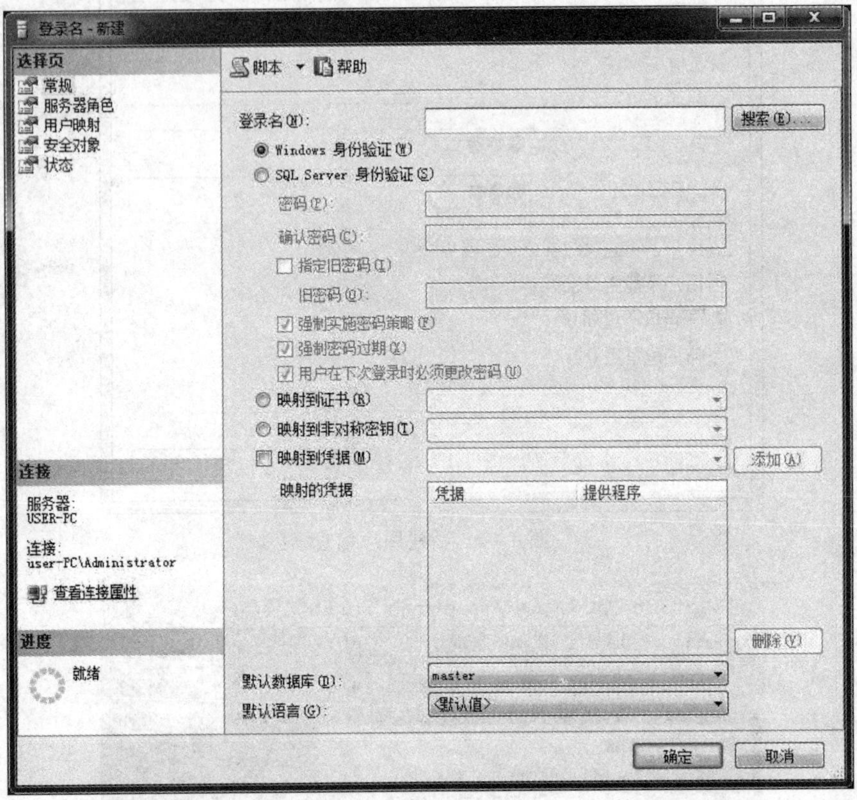

图 8-8　点击搜索

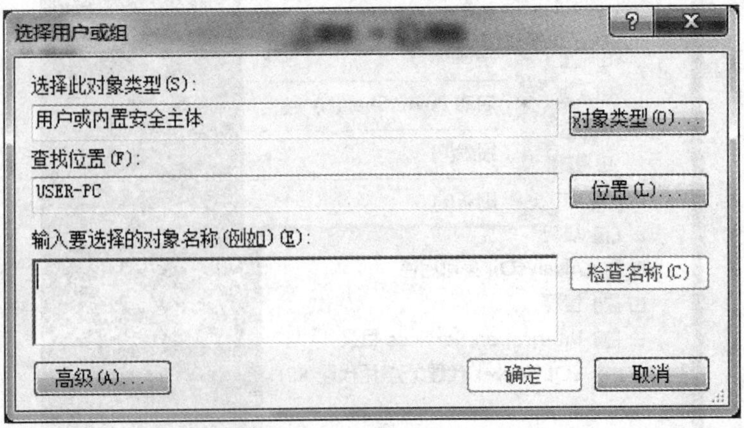

图 8-9　输入对象

图 8 – 10 找到用户 test

图 8 – 11 点击"确定"按钮,创建登录账户

8.2.2 创建 SQL Server 登录账户

创建 SQL Server 登录账户的过程如图 8 – 12 ~ 图 8 – 14 所示。

图 8 – 12　新建登录名

图 8 – 13　输入登录名信息

图 8 - 14　连接到服务器

8.2.3　启用、禁用和解锁登录

启用、禁用和解锁一个登录的操作步骤如下：

（1）启动 Microsoft SQL Server Management Studio，在"对象资源管理器"视图中，连接到适当的服务器，然后向下浏览至"安全性"文件夹。

（2）展开"安全性"文件夹和"登录名"文件夹以列出当前的登录账户。用鼠标右键单击一个登录账户，然后从快捷菜单中选择"属性"以查看此登录账户的属性。这样会打开"登录属性"对话框，如图 8 - 15 所示。

图 8 - 15　"登录属性"对话框（1）

（3）在"登录属性"对话框左侧列表中选择"状态"选项，打开"状态"页面，如图 8-16 所示。

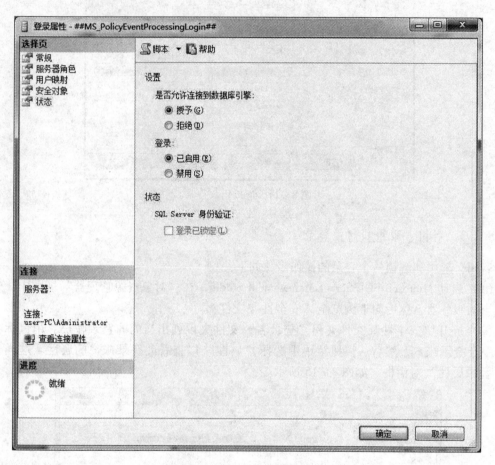

图 8-16 "状态"页面

（4）然后可以进行以下操作：

要启动登录，在"登录"选项区下选择"启用"单选按钮。

要禁用登录，在"登录"选项区下选择"禁用"单选按钮。

要解锁登录，清除"登录已锁定"复选框。

（5）最后单击"确定"按钮，完成操作。

8.2.4 修改登录

具体操作步骤如下：

（1）打开"登录属性"对话框，如图 8-17 所示。

（2）单击"登录属性"对话框左侧的"用户映射"选项，可以为当前用户添加一个连接数据库"msdb"，如图 8-18 所示。

图 8 – 17　"登录属性"对话框（2）

图 8 – 18　"用户映射"选项

8.2.5 删除登录账户

（1）在 Microsoft SQL Server Management Studio 中删除登录账户。

①启动 Microsoft SQL Server Management Studio，然后访问适当的服务器。

②在服务器的"安全性"文件夹中展开"登录名"文件夹。

③用鼠标右键单击想要删除的登录账户，然后从快捷菜单中选择"删除"，打开"删除对象"对话框。

（2）使用 T - SQL 语句删除登录账户。

命令格式如下：

```
DROP LOGIN login_name
```

【例8.1】 删除已经创建好的"stu2"账户。

```
DROP LOGIN stu2
GO
```

8.3 创建数据库用户

（1）通过设置"用户映射"指明数据库用户，如图 8 - 19 所示。

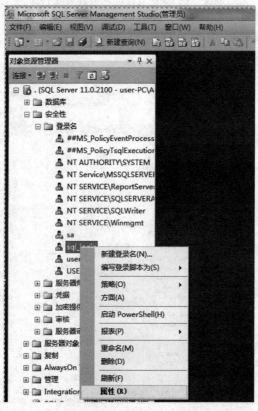

图 8 - 19 设置"用户映射"

（2）创建数据库用户，如图 8 – 20 ~ 图 8 – 22 所示。

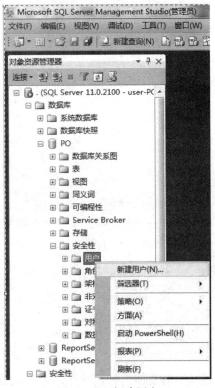

图 8 – 20　新建用户

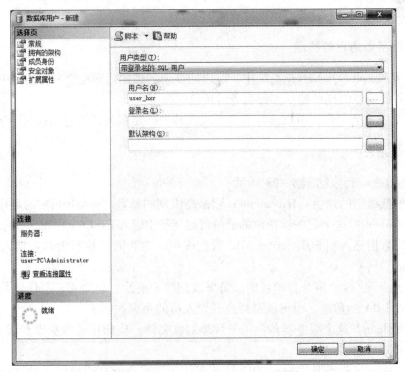

图 8 – 21　输入用户信息

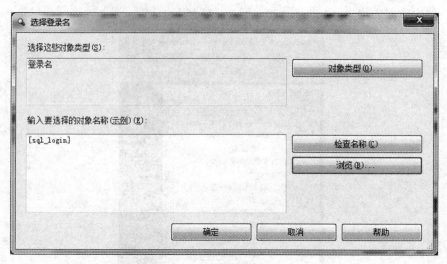

图 8 – 22   选择登录名

8.4   角   色

8.4.1   固定服务器角色

固定服务器角色是服务器级别的主体，它们的作用范围是整个服务器。固定服务器角色已经具备了执行指定操作的权限，可以把其他登录名作为成员添加到固定服务器角色中，这样该登录名可以继承固定服务器角色的权限。

1. 固定服务器角色的特点

（1）在 Microsoft SQL Server 系统中，可以把登录名添加到固定服务器角色中，使登录名作为固定服务器角色的成员继承固定服务器角色的权限。

（2）对于登录名来说，可以选择其是否成为某个固定服务器角色的成员。

2. 服务器角色

"服务器角色"列表如图 8 – 23 所示。

按照从最低级别的角色（bulkadmin）到最高级别的角色（sysadmin）的顺序描述如下：

（1）bulkadmin：这个服务器角色的成员可以运行 BULK INSERT 语句。这条语句允许从文本文件中将数据导入到 SQL Server 2012 数据库中，它为需要执行大容量插入到数据库的域账户而设计。

（2）dbcreator：这个服务器角色的成员可以创建、更改、删除和还原任何数据库。这不仅是适合助理 DBA 的角色，也可能是适合开发人员的角色。

（3）diskadmin：这个服务器角色用于管理磁盘文件，比如镜像数据库和添加备份设备。它适合助理 DBA。

（4）processadmin：SQL Server 2012 能够多任务化，也就是说可以通过执行多个进程做

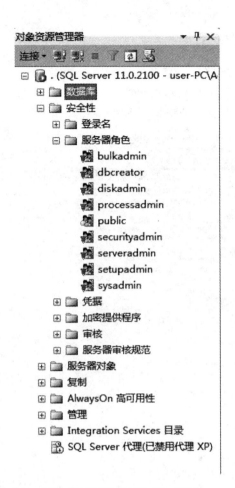

图 8 – 23　"服务器角色"列表

多个事件。例如，SQL Server 2012 可以生成一个进程用于向高速缓存写数据，同时生成另一个进程用于从高速缓存中读取数据。这个角色的成员可以结束（在 SQL Server 2012 中称为"删除"）进程。

（5）securityadmin：这个服务器角色的成员将管理登录名及其属性。它们可以授权、拒绝和撤销服务器级权限，也可以授权、拒绝和撤销数据库级权限。另外，它们可以重置 SQL Server 2012 登录名的密码。

（6）serveradmin：这个服务器角色的成员可以更改服务器范围的配置选项和关闭服务器。例如 SQL Server 2012 可以使用多大内存或监视通过网络发送多少信息，或者关闭服务器。这个角色可以减轻管理员的一些管理负担。

（7）setupadmin：这个服务器角色是为需要管理链接服务器和控制启动的存储过程的用户而设计的。这个角色的成员能添加到 setupadmin，能增加、删除和配置链接服务器，并能控制启动过程。

（8）sysadmin：这个服务器角色的成员有权在 SQL Server 2012 中执行任何任务。

（9）public：这个服务器角色有两大特点。第一，初始状态时没有权限；第二，所有的数据库用户都是它的成员。

3. 使用操作平台管理服务器角色

1）查看服务器角色的属性

（1）启动 Microsoft SQL Server Management Studio，在"对象资源管理器"中依次展开"安全性"|"服务器角色"节点，如图 8 - 24 所示。

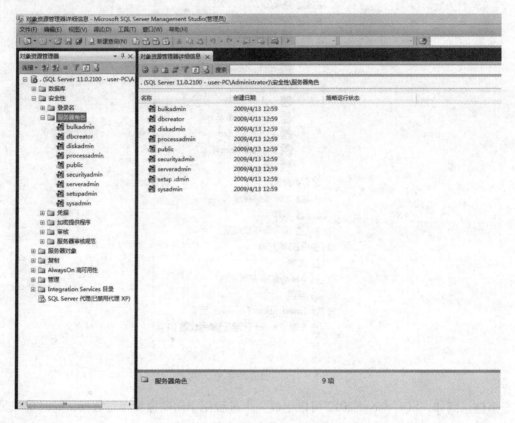

图 8 - 24 查看服务器角色

（2）选择其中的一个服务器角色，在其上单击鼠标右键，在弹出的快捷菜单中选择"属性"选项。例如选择 sysadmin 这个服务器角色并在其上单击鼠标右键，在快捷菜单中单击"属性"选项，打开图 8 - 25 所示的"Server Role Properties"对话框，在该对话框中就可以查看 sysadmin 这个服务器角色的属性了。

2）添加服务器角色的角色成员

（1）为服务器角色添加"角色成员"，可以在服务器角色的"Server Role Properties"对话框中单击"添加"按钮。

（2）在弹出的"选择服务器登录名或角色"对话框中，单击"浏览"按钮，弹出"查找对象"对话框，单击要添加的登录名左边的复选框，单击"确定"按钮即可将选中的角色成员添加进来，如图 8 - 26 和图 8 - 27 所示。

3）删除服务器角色的角色成员

要删除一个已经存在的角色成员，只需要选中该角色成员并在其上单击鼠标右键，然后在弹出的快捷菜单中选择"删除"选项，即可删除该角色成员。

图 8 – 25　"Server Role Properties"对话框

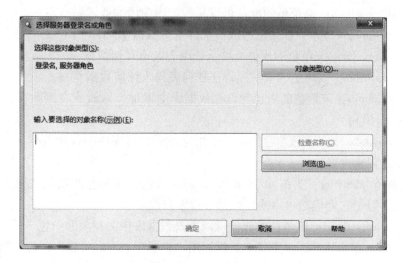

图 8 – 26　输入要选择的对象名称

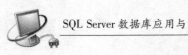

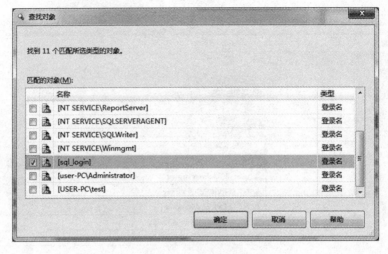

图 8-27　选中用户

8.4.2　数据库角色

数据库角色有如下 3 种类型：

（1）固定数据库角色：微软公司提供的作为系统一部分的角色。

（2）用户定义的标准数据库角色：用户自己定义的角色，将 Windows 用户以一组自定义的权限分组。

（3）应用程序角色：用来授予应用程序专门的权限，而非授予用户组或者单独用户。

1.　固定数据库角色

微软公司提供了 9 个内置的角色，以便于在数据库级别授予用户特殊的权限集合。

（1）db_owner：该角色的用户可以在数据库中执行任何操作。

（2）db_accessadmin：该角色的成员可以从数据库中增加或者删除用户。

（3）db_backupopperator：该角色的成员允许备份数据库。

（4）db_datareader：该角色的成员允许从任何表读取任何数据。

（5）db_datawriter：该角色的成员允许往任何表写入任何数据。

（6）db_ddladmin：该角色的成员允许在数据库中增加、修改或者删除任何对象（即可以执行任何 DDL 语句）。

（7）db_denydatareader：该角色的成员被拒绝查看数据库中的任何数据，但是它们仍然可以通过存储过程来查看。

（8）db_denydatawriter：类似 db_denydatareader 角色，该角色的成员被拒绝修改数据库中的任何数据，但是它们仍然可以通过存储过程来修改。

（9）db_securityadmin：该角色的成员可以更改数据库中的权限和角色。

（10）public：在 SQL Server 中每个数据库用户都属于 public 数据库角色。当尚未对某个用户授予或者拒绝对安全对象的特定权限时，该用户将被授予该安全对象的 public 角色的权限。这个数据库角色不能被删除。

2. 用户自定义数据库角色

创建用户自定义数据库角色的过程如图8-28~图8-32所示。

图8-28 新建服务器角色

图8-29 添加对象

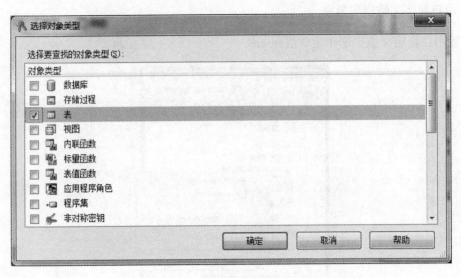

图 8 - 30　选择要查找的对象类型

图 8 - 31　数据库角色信息以及权限

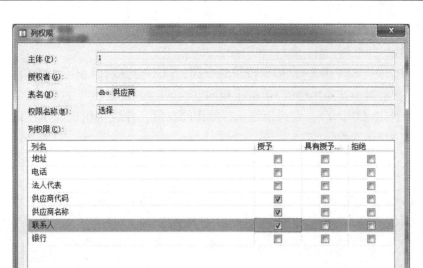

图 8 - 32 列权限设置

3. 应用程序角色

应用程序角色允许用户为特定的应用程序创建密码保护的角色。限于篇幅，此处不介绍。

8.5 权 限

8.5.1 常用的权限

常用的权限见表 8 - 1。

表 8 - 1 常用的权限

安全对象	常用的权限
数据库	CREATE DATABASE、CREATE DEFAULT、CREATE FUNCTION、CREATE PROCEDURE、CREATE VIEW、CREATE TABLE、CREATE RULE、BACKUP DATABASE、BACKUP LOG
表	SELECT、DELETE、INSERT、UPDATE、REFERENCES
表值函数	SELECT、DELETE、INSERT、UPDATE、REFERENCES
视图	SELECT、DELETE、INSERT、UPDATE、REFERENCES
存储过程	EXECUTE、SYNONYM
标量函数	EXECUTE、REFERENCES

8.5.2 操作权限

权限分为 3 种状态：授予、拒绝、撤销。可以使用如下语句来修改权限的状态：

（1）授予权限（GRANT）：授予权限以执行相关的操作。通过角色，所有该角色的成员继承此权限。

（2）撤销权限（REVOKE）：撤销授予的权限，但不会显示阻止用户或角色执行操作。用户或角色仍然能继承其他角色的 GRANT 权限。

（3）拒绝权限（DENY）：显式拒绝执行操作的权限，并阻止用户或角色继承权限，该语句优先于其他授予的权限。

1. 授予权限

利用 GRANT 语句可以授予权限，其基本语法格式如下：

```
GRANT
{ALL |statement[,..n]}
TO security_account[,..n]
```

参数说明如下：

（1）ALL：表示希望给该类型的对象授予所有可用的权限。不推荐使用此选项，保留此选项仅用于向后兼容。

①如果安全对象为数据库，则 ALL 表示 CREATE DATABASE、CREATE DEFAULT、CREATE FUNCTION、CREATE PROCEDURE、CREATE VIEW、CREATE TABLE、CREATE RULE 等权限。

②如果安全对象为标量函数，则 ALL 表示 EXECUTE 和 REFERENCES。

③如果安全对象为表值函数，则 ALL 表示 SELECT、DELETE、INSERT、UPDATE、REFERENCES。

④如果安全对象为存储过程，则 ALL 表示 EXECUTE、SYNONYM。

⑤如果安全对象为表，则 ALL 表示 SELECT、DELETE、INSERT、UPDATE、REFERENCES。

⑥如果安全对象为视图，则 ALL 表示 SELECT、DELETE、INSERT、UPDATE、REFERENCES。

（2）statement：表示可以授予权限的命令，例如 CREATE DATABASE。

（3）security_account：表示定义被授予权限的用户单位。security_account 可以是 SQL Server 的数据库用户，可以是 SQL Server 的角色，也可以是 Windows 的用户或工作组。

【例 8.2】 使用 GRANT 命令授予角色 po_mag 对数据库 PO 中物料表的 DELETE、INSERT、UPDATE 权限。

```
USEPO
Go
    GRANT  DELETE,INSERT,UPDATE
    ON 物料
    TO po_mag
GO
```

2. 撤销权限

利用 REVOKE 语句可以撤销权限，其基本语法格式如下：

```
REVOKE{ALL |statement[,..n]}
FROM security_account[,..n]
```

【例8.3】 使用 REVOKE 语句撤销角色 po_mag 对物料表所拥有的 DELETE、INSERT、UPDATE 权限。

```
USEPO
GO
REVOKE  DELETE,INSERT,UPDATE
ON 物料
FROM po_mag CASCADE
GO
```

3. 拒绝权限

利用 DENY 语句可以拒绝权限，其基本语法格式如下：

```
DENY {ALL |statement[,..n]}
TO security_account[,..n]
```

【例8.4】 在数据库 PO 的物料表中将执行 INSERT 操作的权限授予角色 public，然后拒绝用户 guest 拥有该项权限。

```
USEPO
GO
GRANT  INSERT
ON 物料
TO public
GO
DENY  INSERT
ON 物料
TO guest
GO
```

4. 使用 SSMS 管理权限

（1）启动 Microsoft SQL Server Management Studio，连接到适当的服务器。

（2）在"对象资源管理器"中展开"数据库"，用鼠标右键单击"PO"，从弹出的快捷菜单中选择"属性"选项，在打开的"数据库属性－PO"对话框中，选择"权限"选项，如图 8－33 所示。

图 8 - 33　"数据库属性 - PO"对话框

（3）如果要对所有用户分配默认的权限，就为角色 public 分配权限。要添加用户或角色，单击"搜索"按钮，然后使用"选择用户或角色"对话框，如图 8 - 34 所示。单击"浏览"按钮，打开"查找对象"对话框，选择"public 数据库角色"，如图 8 - 35 所示。

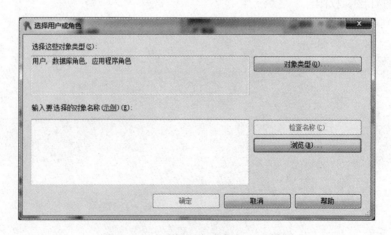

图 8 - 34　"选择用户或角色"对话框

（4）单击"确定"按钮，即可把"public 数据角色"添加到"用户或角色"列表中。

（5）要为个别用户或角色分配权限，首先选择一个用户或者一个角色，然后使用 public 的权限列表框根据需要允许或拒绝权限。清除所有"授予"或"拒绝"复选框，撤销先前授予或拒绝的权限，如图 8 - 36 所示。

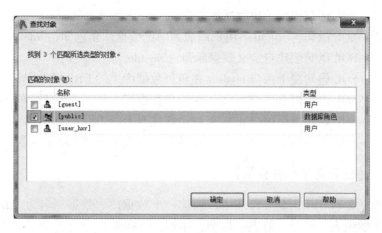

图 8 – 35 "查找对象"对话框

图 8 – 36 选择相关权限

8.6 实 训

实训 8 – 1 【用户管理基础训练】

请附加销售数据库,用 SQL 语句完成下面的题目:

(1) 使用 T – SQL 语句创建 Windows 身份模式的登录名 w_user。

(2) 使用 T – SQL 语句创建 SQLServer 登录名 sql_user。

（3）使用 T – SQL 语句创建销售数据库用户 myuser（登录名为 sql_user）。

（4）使用 T – SQL 语句将 sql_user 用户添加到固定数据库角色 db_owner 中。

（5）使用 T – SQL 语句创建自定义数据库角色 myrole。

（6）使用 T – SQL 语句授予用户 myuser 在销售数据库上的 CREATE TABLE 权限。

（7）使用 T – SQL 语句授予用户 myuser 在销售数据库上员工人事表中的 SELECT 权限。

（8）使用 T – SQL 语句拒绝用户 myuser 在销售主表上的 DELETE 和 UPDATE 权限。

（9）使用 T – SQL 语句撤销用户 myuser 在员工人事表上的 SELECT 权限。

实训 8 – 2 【用户管理综合应用】

（1）在 MS SQL SERVER 企业管理中，创建一个数据库，数据库名为"DB1"，在该数据库中创建一个学生表（学号，姓名，性别，年龄，所在系）。

（2）在 MS SQL SERVER 的安全性中创建一个登录账户（Login），登录名为"Login1"，密码为"123456"。在查询分析器中以该账户登录，观察可访问的数据库，并记录。

（3）在 DB1 数据库中创建数据库用户，登录名为"Login1"，用户名为"Login1"，再次在查询分析器中观察可访问的数据库，并记录。请在查询分析器中执行如下 SQL 命令，观察并记录结果。

①SELECT * FROM 学生表。

②用 SQL 在学生表中插入一条记录。

③CREATE TABLE 课程表（

课号 CHAR（10）PRIMARY KEY，

课程名称 CHAR（30）NOT NULL，

学分 SMALLINT NOT NULL）

（4）新建一个查询分析器窗口，以 sa 的身份登录，用授权语句赋予用户 Login1 创建表的权力，查询学生表的权力，在学生表中添加、修改、删除记录的权力。

（5）重新执行第（3）题中的 SQL 命令，观察并记录结果。

（6）新建一个查询分析器窗口，以 sa 的身份登录，用收权语句收回用户 Login1 创建表的权力，查询学生表的权力，在学生表中添加、修改、删除记录的权力。

（7）重新执行第（3）题中的 SQL 命令，观察并记录结果。

（8）新建两个登录账户，登录名分别为"user1""user2"，密码分别为"user1""user2"，并使它们都能访问 DB1 数据库。以 sa 的身份使用查询分析器连接数据库，并选择数据库 DB1，用 SQL 语句将学生表的所有权力赋予用户 user1，将课程表的所有权力赋予用户 user2。新建两个查询分析器窗口，分别以 user1 和 user2 连接 DB1 数据库，用 user1 和 user2 分别对学生表和课程表进行操作，观察并记录结果。

（9）创建 4 个登录账户，登录名分别为"user3""user4""user5""user6"，密码分别为"user3""user4""user5""user6"，并使它们都能访问数据库 DB1。以 sa 的身份使用查询分析器连接数据库，并选择数据库 DB1，用 SQL 语句将学生表的所有权力赋予用户 user3，并能将权力再授权给其他用户，再用 SQL 语句将学生表的所有权力赋予用户 user4，但不能授权给其他用户。新建两个查询分析器窗口，分别以 user3 和 user4 连接数据库 DB1，在 user3 的窗口中，将学生的所有权力赋予 user5；在 user4 的窗口中，将学生表的所有权力赋予 user6，观察并记录结果。

8.7　习　　题

一、选择题

1. 当采用 Windows 验证方式登录时，通过 Windows 用户账户验证，就可以____到 SQL Server 数据库服务器。

A. 连接　　　　　　　B. 集成　　　　　　　C. 控制　　　　　　　D. 转换

2. T – SQL 语句的 GRANT 和 REMOVE 语句主要是用来维护数据库的____。

A. 完整性　　　　　　B. 可靠性　　　　　　C. 安全性　　　　　　D. 一致性

3. 可以对固定服务器角色和固定数据库角色进行的操作是____。

A. 添加　　　　　　　B. 查看　　　　　　　C. 删除　　　　　　　D. 修改

4. 下列用户对视图数据库对象执行操作的权限中，不具备的权限是____。

A. SELECT　　　　　　B. INSERT　　　　　　C. EXECUTE　　　　　D. UPDATE

5. SQL Server 中，为便于管理用户及权限，可以将一组具有相同权限的用户组织在一起，这一组具有相同权限的用户就称为____。

A. 账户　　　　　　　B. 角色　　　　　　　C. 登录　　　　　　　D. SQL Server 用户

二、简答题

1. 什么是角色？服务器角色和数据库角色有什么不同？用户可以创建哪种角色？

2. SQL Server 的权限有哪几种？其各自的作用对象是什么？

第九章

备份与恢复

📖 **本章学习目标**

本章介绍数据库备份与恢复的基础知识以及基本操作。通过对本章的学习，读者应了解数据库备份和恢复的基本原理，掌握数据库备份和恢复的基本方法。

📖 **学习要点**

☑ 备份；
☑ 恢复；
☑ 备份的操作方法；
☑ 恢复的操作方法。

9.1　备　份

9.1.1　备份的重要性

备份就是制作数据库结构和数据的拷贝，以便在数据库遭到破坏时能够修复数据库。数据库的破坏是难以预测的，因此必须采取能够还原数据库的措施。一般的，造成数据丢失的常见原因包括以下几种：

（1）软件系统瘫痪；
（2）硬件系统瘫痪；
（3）人为误操作；
（4）存储数据的磁盘被破坏；
（5）地震、火灾、战争、盗窃等灾难。

9.1.2　备份的分类

1. 完整备份

完整备份（图 9 - 1）包含特定数据库（或者一组特定的文件组或文件）中的所有数据，以及可以恢复这些数据的足够的日志。

用户执行完全的数据库备份，包括所有对象、系统表以及数据。在备份开始时，SQL Server 复制数据库中的一切，而且包括备份进行过程中所需要的事务日志部分。因此，利用完整备份还可以还原数据库在备份操作完成时的完整数据库状态。完整备份的方法是，首先将事务日志写到磁盘上，然后创建相同的数据库和数据库对象并复制数据。由于是对数据库的完整备份，因而这种备份类型不仅速度较慢，而且将占用大量磁盘空间。在对数据库进行完整备份时，所有未完成的事务或者发生在备份过程中的事务都将被忽略，所以尽量在一定条件下使用这种备份类型。

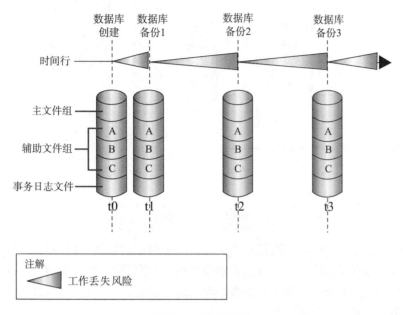

图 9 - 1 完整备份

2. 差异备份

差异备份（图 9 - 2 和图 9 - 3）只记录自上次完整备份后更改的数据。此完整备份称为"差异基准"。

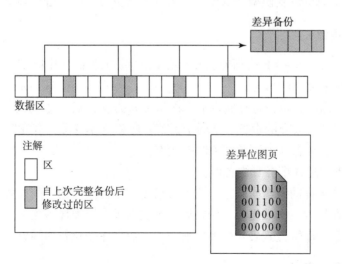

图 9 - 2 差异备份数据区

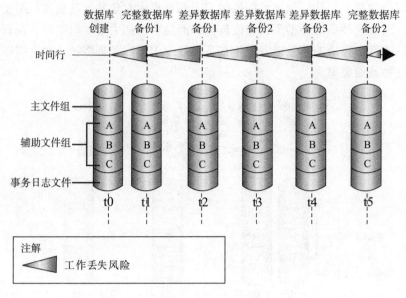

图 9 - 3　差异备份

差异备份用于备份自最近一次完整备份之后发生改变的数据。因为只保存改变内容，所以这种类型的备份速度比较快，可以更频繁地执行。和完整备份一样，差异备份也包括事务日志部分，为了能将数据库还原至备份操作完成时的状态，需要这些事物日志备份。

在下列情况下可以考虑使用差异备份：

（1）自上次数据库备份后数据库中只有相对较少的数据发生了更改，如果多次修改相同的数据，则差异备份尤其有效。

（2）使用的是完整恢复模型或大容量日志记录恢复模型，以便用最短的时间在还原数据库时前滚事务日志备份。

（3）使用的是简单恢复模型，以便进行更频繁的备份，但非进行频繁的完整备份。

3. 事务日志备份

事务日志备份（图9-4）是所有数据库修改的系列记录，用来在还原操作期间提交完成的事务以及回滚未完成的事务。

在备份事务日志时，备份将存储自上一次事务日志备份后发生的改变，然后截断日志，以此清除已经被提交或放弃的事务。不同于完整备份和差异备份，事务日志备份记录备份操作开始时的事务日志状态（而不是结束时的状态）。

在以下情况下常选择事务日志备份：

（1）存储备分文件的磁盘空间很小或者留给进行备份操作的时间很短。

（2）不允许在最近一次数据库备份之后发生数据丢失或损坏现象。

（3）准备把数据库恢复到发生失败的前一点，数据库变化较为频繁。

4. 文件和文件组备份

文件和文件组备份（图9-5）是备份数据库文件和文件组而不是备份整个数据库。

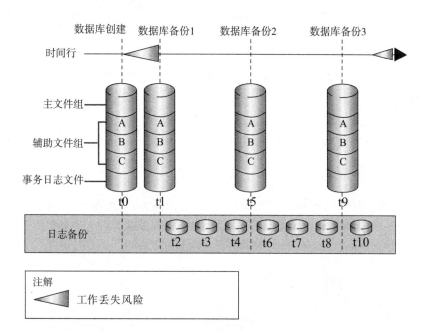

图 9 - 4　事务日志备份

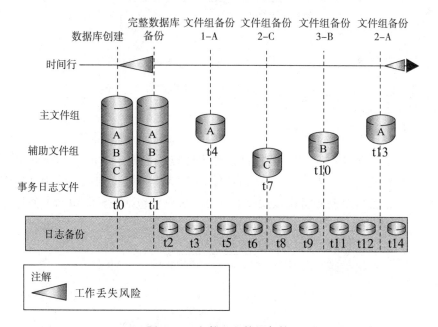

图 9 - 5　文件和文件组备份

　　如果正在处理大型数据库，并且希望只备份文件而不是整个数据库以节省时间，可选择这种类型的备份。有许多因素会影响文件和文件组的备份。由于在使用文件和文件组备份时，必须备份事务日志，所以不能在启用"在检查点截断日志"选项的情况下使用这种备份技术。此外，如果数据库中的对象跨多个文件或文件组，则必须同时备份所有相关文件和文件组。

9.2 恢 复

恢复是从一个或多个备份还原数据，继而恢复数据库的过程。恢复模式分为如下三种：
（1）简单恢复模式；
（2）完整恢复模式；
（3）大容量日志恢复模式。

9.2.1 简单恢复模式

简单恢复模式（图9-6）是为了恢复到上一次备份点的数据库而设计的。使用这种模式的备份策略应该由完整备份和差异备份组成。当启用简单恢复模式时，不能执行事务日志备份。

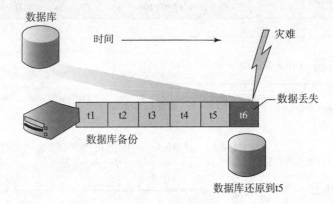

图9-6 简单恢复模式

9.2.2 完整恢复模式

完整恢复模式（图9-7）用于需要恢复到失败点或者指定时间点的数据库。使用这种模式时，所有操作被写入日志中，包括大容量操作和大容量数据加载。使用这种模式的备份策略应该包括完整备份、差异备份以及事务日志备份或仅包括完整备份和事务日志备份。

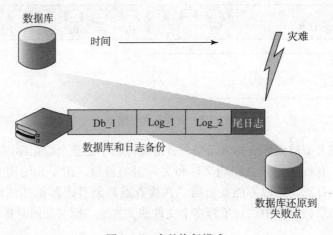

图9-7 完整恢复模式

9.2.3 大容量日志恢复模式

大容量日志恢复模式（图9-8）可减少日志空间的使用，但仍然保持完整恢复模式的大多数灵活性。使用这种模式时，以最低限度将大容量操作和大容量加载写入日志，而且不能针对逐个操作对其进行控制。如果数据库在执行一个完整备份或差异备份以前失败，将需要手动重做大容量操作和大容量加载。使用这种模式的备份策略应该包括完整备份、差异备份以及事务日志备份或仅包括完整备份和事务日志备份。

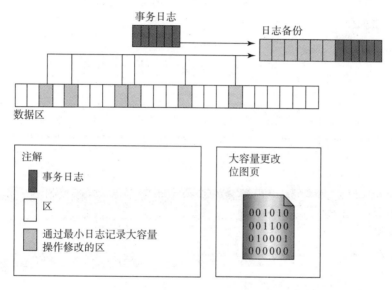

图9-8 大容量日志恢复模式

9.3 备份操作

9.3.1 创建备份设备

使用 SQL Server Management Studio 创建备份设备的具体步骤如下：

（1）启动 SQL Server Management Studio，打开 SQL Server Management Studio 窗口，并使用 Windows 或者 SQL Server 身份验证建立连接，如图9-9所示。

（2）在"对象资源管理器详细信息 – Microsoft SQL Server Management Studio（管理员）"视图中，展开服务器的"服务器对象"文件夹，如图9-10所示。

（3）用鼠标右键单击"备份设备"，然后从快捷菜单中选择"新建备份设备"，如图9-11所示，打开"备份设备"对话框。

（4）在"设备名称"文本框中，输入"PO备份"，如图9-12所示。设置好目标文件或者保持默认值，这里必须保证 SQL Server 所选择的硬盘驱动器上有足够的可用空间。

（5）单击"确定"按钮完成创建永久备份设备。

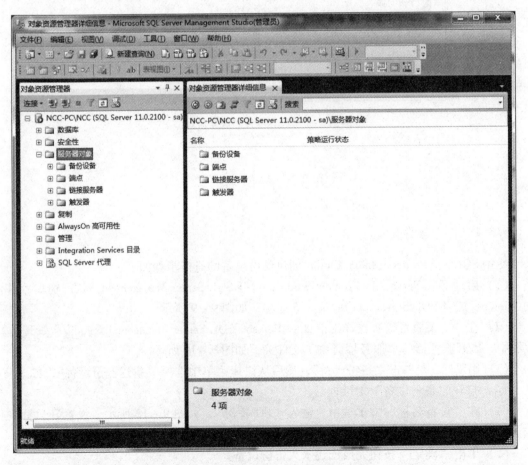

图 9 - 9　连接到服务器

图 9 - 10　对象资源管理器详细信息页面

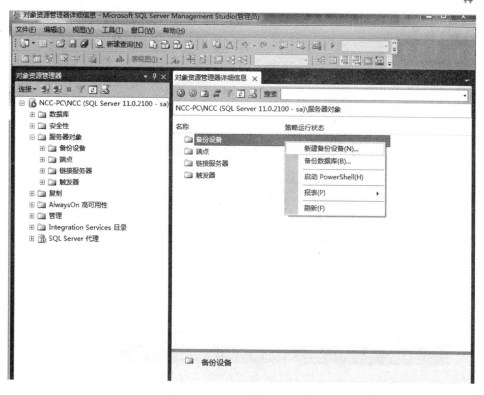

图 9 – 11　新建备份设备

图 9 – 12　"备份设备"对话框

9.3.2 管理备份设备

1. 查看备份设备

在 SQL Server 系统中查看服务器上每个设备的有关信息，可以使用系统存储过程，如图 9 – 13 所示，其中包括备份设备。

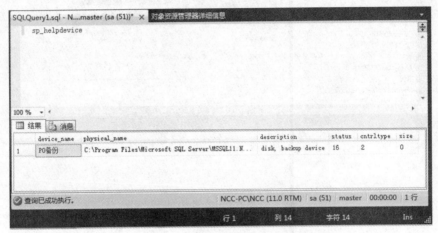

图 9 – 13　执行系统存储过程

2. 删除备份设备

启动 SQL Server Management Studio 的资源管理器，展开"服务器对象"节点下的"备份设备"节点，该节点下列出了当前系统的所有备份设备，如图 9 – 14 所示。

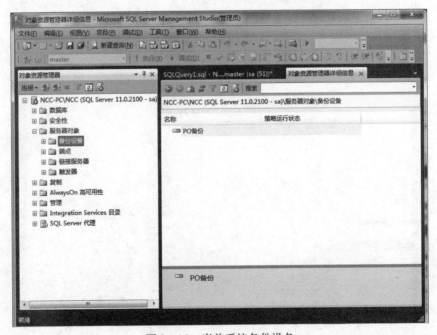

图 9 – 14　当前系统备份设备

选中需要删除的备份设备"PO 备份",在其上单击鼠标右键,在弹出的快捷菜单中选择"删除"命令,如图 9 – 15 所示。

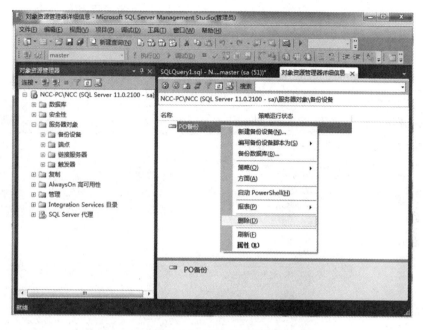

图 9 – 15 删除备份设备

单击"删除"命令,将打开"删除对象"对话框,如图 9 – 16 所示。在右窗格中,请验证"对象名称"列中显示的设备名称正确,最后单击"确定"按钮。

图 9 – 16 "删除对象"对话框

9.3.3 完整备份

完整备份是指备份整个数据库，不仅包括表、视图、存储过程和触发器等数据库对象，还包括能够恢复这些数据的足够的事务日志。完整备份的优点是操作比较简单，在恢复时只需要一步就可以将数据库恢复到以前的状态。

使用 SQL Server Management Studio 创建完整备份的步骤如下：

（1）将"恢复模式"设置为"完整"，如图 9-17 所示。

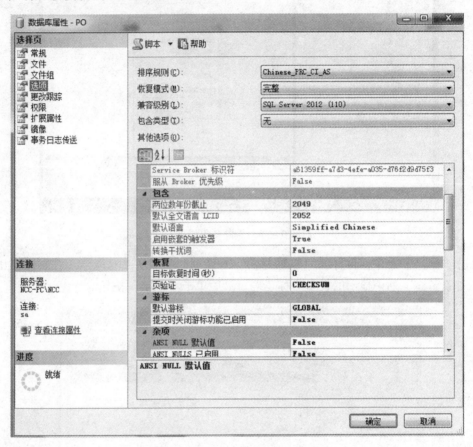

图 9-17　修改恢复模式为完整

（2）用鼠标右键单击数据库"PO"，从弹出的菜单中选择"任务"|"备份"命令，打开"备份数据库-PO"对话框，如图 9-18 所示。修改备份参数，如图 9-19 所示。

（3）单击"确定"按钮，完成备份。

9.3.4 差异备份

差异备份比完整备份更快。它会缩短备份时间，但将增加复杂程度。对于大型数据库，差异备份的间隔可以比完整备份的间隔更短。这将降低工作丢失风险。

使用 SQL Server Management Studio 创建差异备份的步骤如下：

（1）将"备份类型"设置为"差异"，如图 9-20 所示。

图 9 - 18 "备份数据库 - PO"对话框

图 9 - 19 修改备份参数

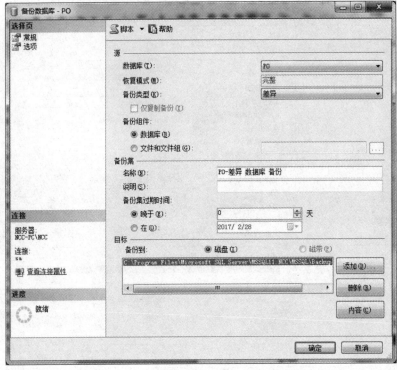

图 9 - 20　修改"备份类型"为"差异"

（2）修改备份参数，单击"确定"按钮，完成备份，如图 9 - 21 所示。

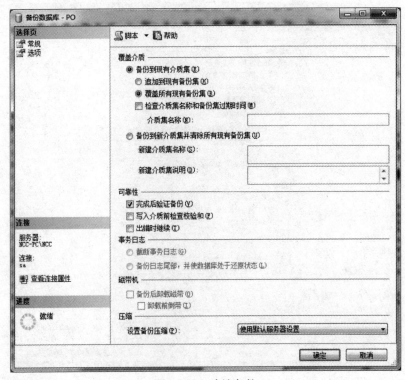

图 9 - 21　确认备份

9.3.5　事务日志备份

在 SQL Server 系统中事务日志备份有以下 3 种类型：

（1）纯日志备份：仅包含一定间隔的事务日志记录，而不包含在日志恢复模式下执行的任何大容量更改的备份。

（2）大容量操作日志备份：包含日志记录及由大容量操作更改的数据页的备份。不允许对大容量操作日志备份进行时间点恢复。

（3）尾日志备份：对可能已损坏的数据库进行日志备份，用于捕获尚未备份的日志记录。尾日志备份在出现故障时进行，用于防止丢失数据，它可以包含纯日志记录或者大容量操作日志记录。

使用 SQL Server Management Studio 创建事务日志备份的步骤如下：

（1）将"备份类型"设置为"事务日志"，如图 9 – 22 所示。

图 9 – 22　修改"备份类型"为"事务日志"

（2）修改备份参数，单击"确定"按钮，完成备份，如图 9 – 23 所示。

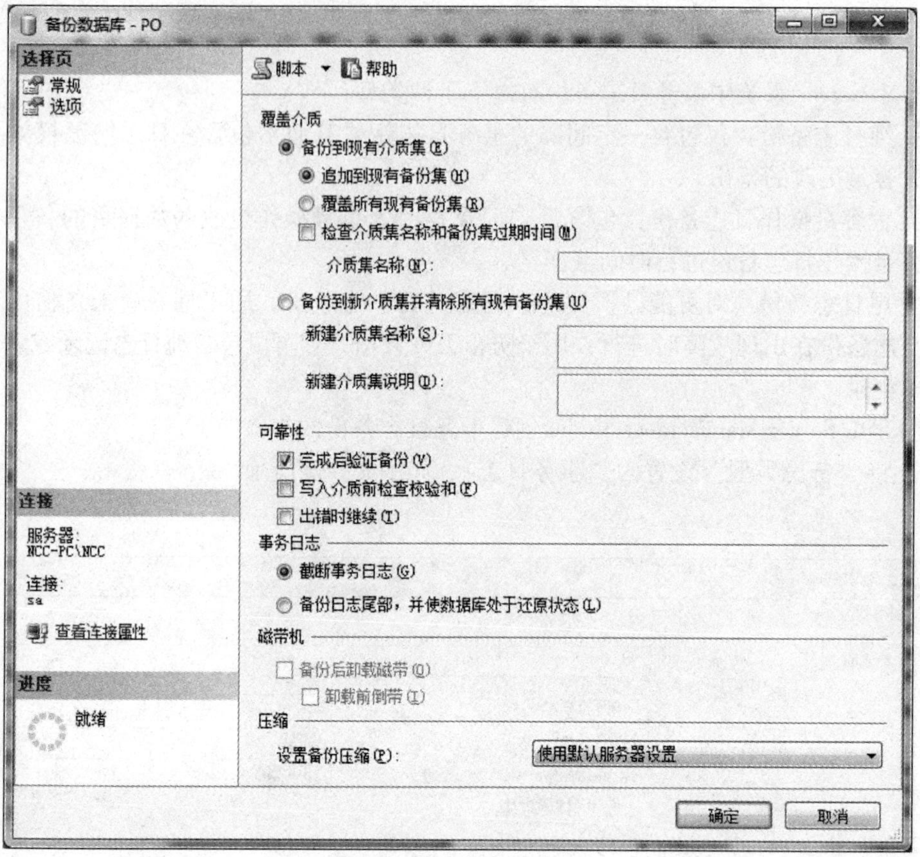

图 9 – 23　确认备份

9.3.6　文件组备份

使用 SQL Server Management Studio 创建文件组备份的步骤如下：

（1）创建一个文件组。

打开"数据库属性 – PO"对话框，添加文件组和文件，如图 9 – 24 ~ 图 9 – 26 所示。

（2）备份文件组。

用鼠标右键单击数据库"PO"，从弹出的菜单中选择"任务"|"备份"命令，如图 9 – 27 所示，打开"备份数据库 – PO"对话框，如图 9 – 28 所示。选择文件和文件组，如图 9 – 29 所示。确认备份信息，如图 9 – 30 所示。备份完成，如图 9 – 31 所示。

9.4　恢复操作

9.4.1　恢复数据

（1）选中要选择还原的数据库文件夹，单击鼠标右键，选择"任务"，再选择"还原"，最后选择"数据库"，如图 9 – 32 所示。

图 9 – 24 "数据库属性 – PO"对话框

图 9 – 25 添加文件组

图 9 - 26　添加文件

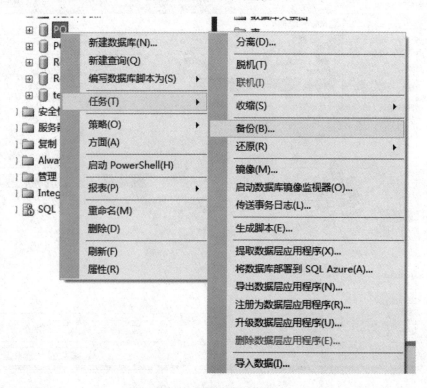

图 9 - 27　选择"备份"

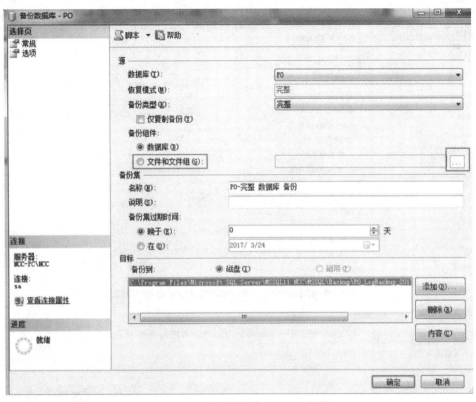

图 9 – 28　"备份数据库 – PO"对话框

图 9 – 29　选择文件和文件组

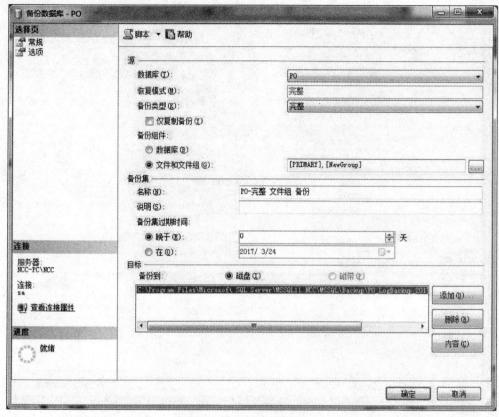

图 9 – 30 确认备份信息

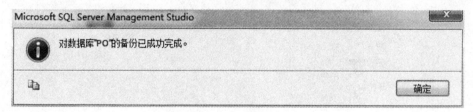

图 9 – 31 备份完成

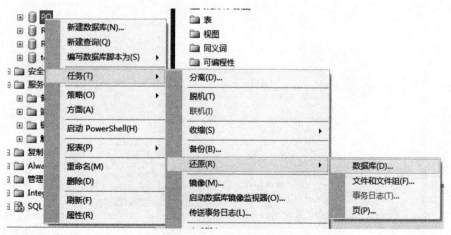

图 9 – 32 还原数据库

（2）在"源"处选择"设备"，打开"选择备份设备"对话框，点击"添加"按钮，添加之前备份的"PO.bak"文件，如图9–33所示。

图9–33 "选择备份设备"对话框

（3）在目标中数据库选择"PO"，勾选所要还原的备份集，如图9–34所示。

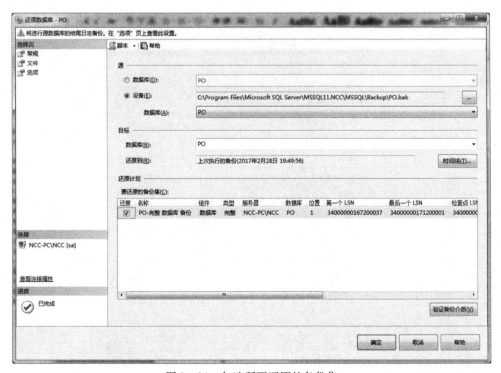

图9–34 勾选所要还原的备份集

（4）在"还原选项"中勾选"覆盖现有数据库"，如图 9-35 所示。

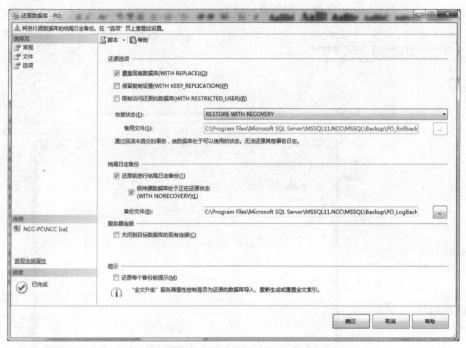

图 9-35　勾选"覆盖现有数据库"

9.4.2　查看与更改数据库恢复模式

查看数据库 PO 的属性，如图 9-36 所示。

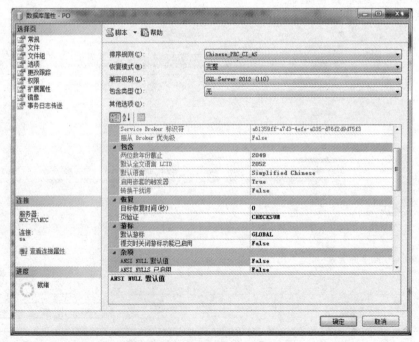

图 9-36　查看数据库 PO 的属性

9.5 复制数据库

一般情况下复制和转移数据及其对象的主要原因如下：

升级服务器时"复制数据为向导"是一个快速转移数据到新系统的工具。该向导可以用来创建另一个服务器上的数据库的副本，以供紧急情况下使用。开发人员可以复制现有的数据库，并使用这个副本作修改，而不影响生产数据库。

【例9.1】 创建数据库 PO 的一个副本。

（1）启动 SQL Server Management Studio 管理平台，连接服务器。在"对象资源管理器"窗口，用鼠标右键单击"管理"节点，从弹出的菜单中选择"复制数据库"命令，如图9-37所示，打开"欢迎使用复制数据库向导"窗口，如图9-38所示。

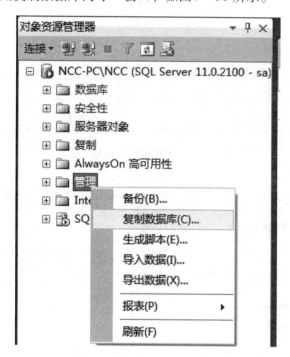

图 9-37 选择"复制数据库"

（2）单击"下一步"按钮，打开"选择源服务器"窗口，设置"源服务器"为计算机名，勾选"使用 Windows 身份验证"，如图9-39所示。

（3）单击"下一步"按钮，打开"选择目标服务器"窗口，设置"目标服务器"为本机服务器，勾选"使用 Windows 身份验证"，如图9-40所示。

（4）单击"下一步"按钮，打开"选择传输方法"窗口，勾选"使用分离和附加方法"，如图9-41所示。

（5）单击"下一步"按钮，打开"选择数据库"窗口，选择要复制或者移动的数据库，这里选择数据库"PO"，如图9-42所示。

（6）单击"下一步"按钮，打开"配置目标数据库"窗口，勾选"如果目标上已存在同名的数据库或文件则停止传输（T）"，并修改相应文件名，如图9-43所示。

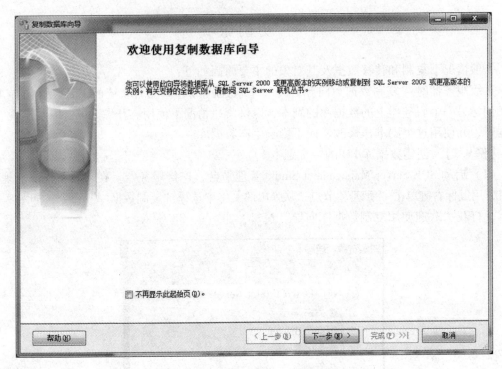

图 9 - 38 "复制数据库向导"窗口

图 9 - 39 "选择源服务器"窗口

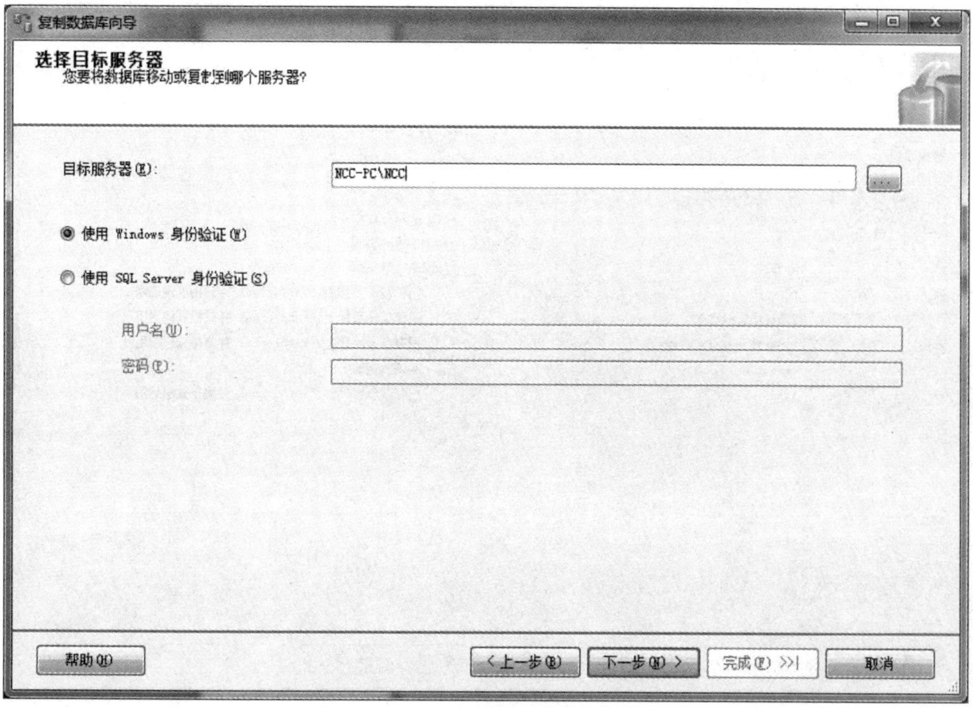

图 9 – 40 "选择目标服务器"窗口

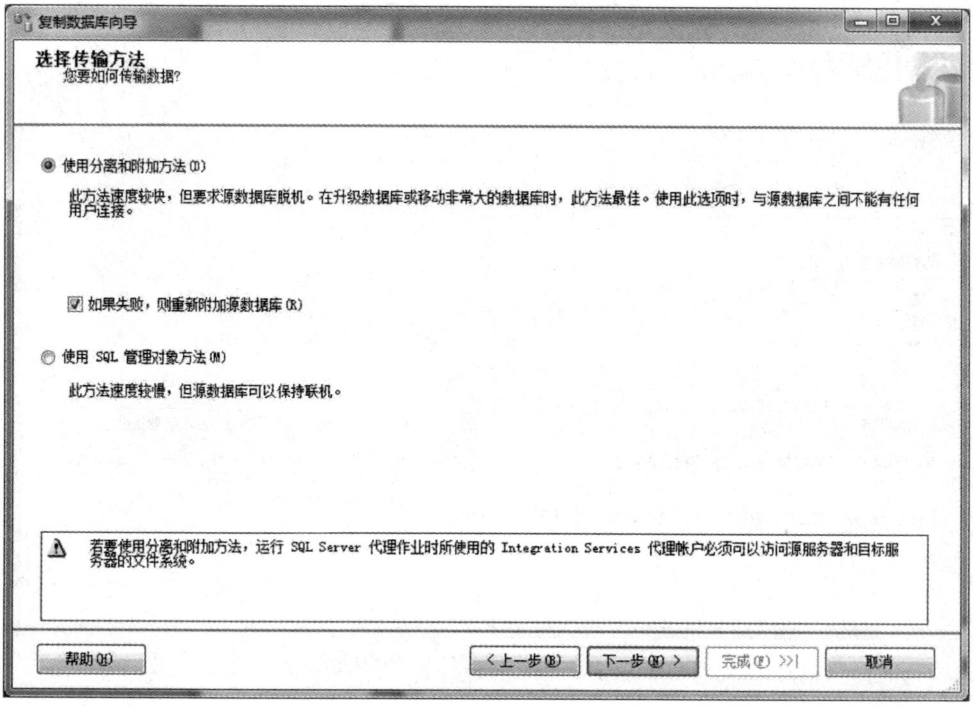

图 9 – 41 "选择传输方法"窗口

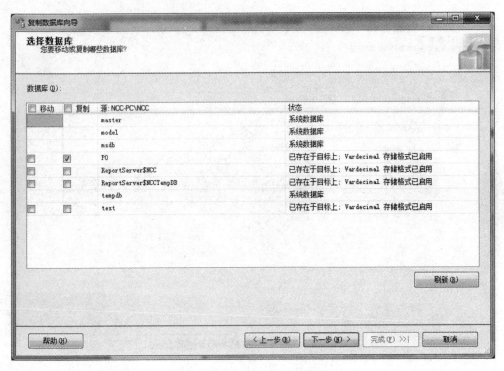

图 9 – 42 "选择数据库"窗口

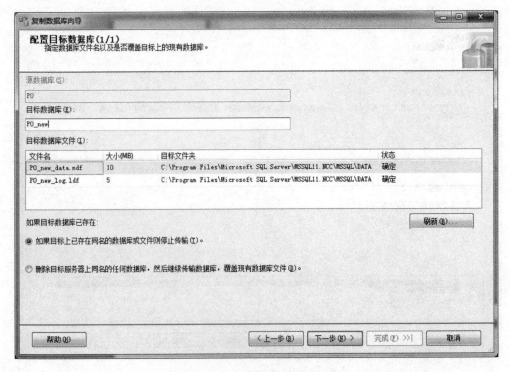

图 9 – 43 "配置目标数据库"窗口

（7）单击"下一步"按钮，打开"配置包"窗口，设置将要创建的包的名称，该包供以后执行时使用，这里保持默认设置，如图9-44所示。

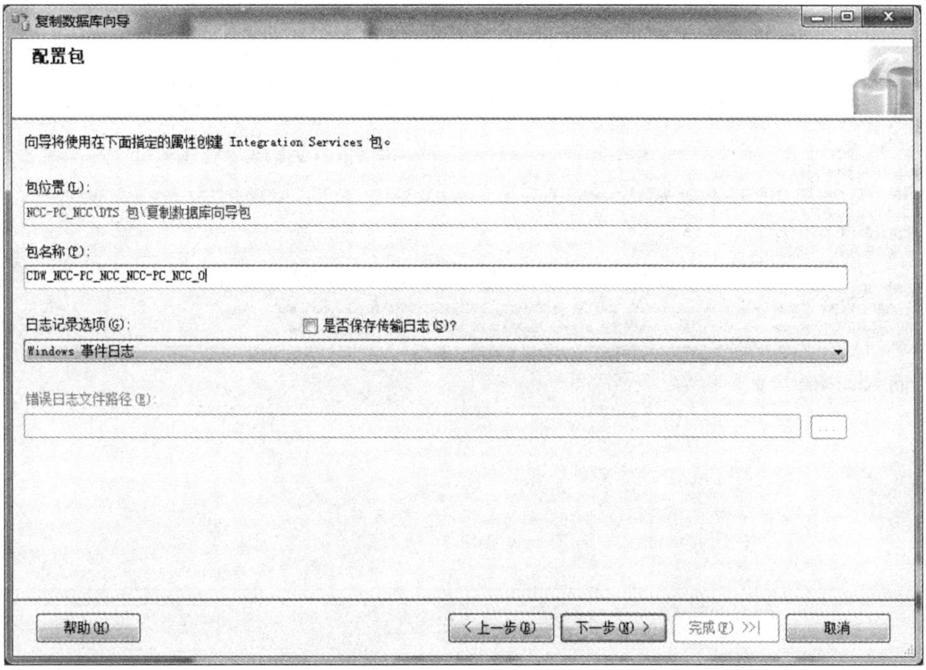

图9-44 "配置包"窗口

（8）单击"下一步"按钮，打开"安排运行包"窗口，设定何时运行所创建的DTS作业，这里选择"立即运行"，如图9-45所示。

图9-45 "安排运行包"窗口

（9）设置完成后，单击"下一步"按钮，打开"完成该向导"窗口，如图9-46所示。

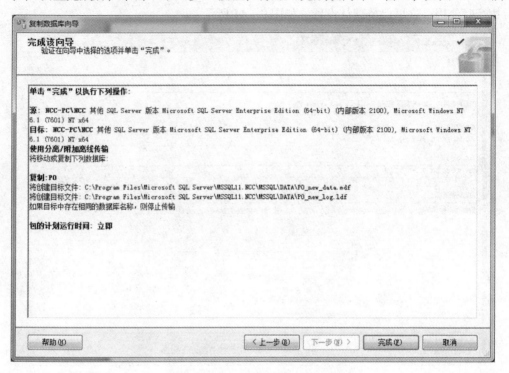

图9-46 "完成该向导"窗口

（10）如果最后出现图9-47所示的问题可用以下方法解决：

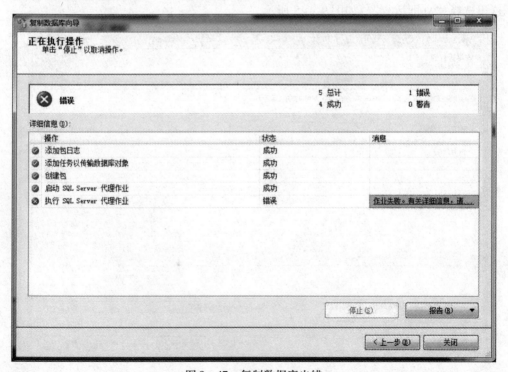

图9-47 复制数据库出错

①打开"开始菜单",选择"Microsoft SQL Server 2012"中"配置工具"下的"SQL Server 配置器",如图 9 - 48 所示。

图 9 - 48 选择"SQL Server 配置器"

②单击"SQL Server 服务",进入右边的详细页面,将 SQL Server 属性和 SQL Server 代理属性中的内置账户设置为"Local System"。修改后点击"重新启动",然后点击"应用"和"保存"按钮,如图 9 - 49 和图 9 - 50 所示。

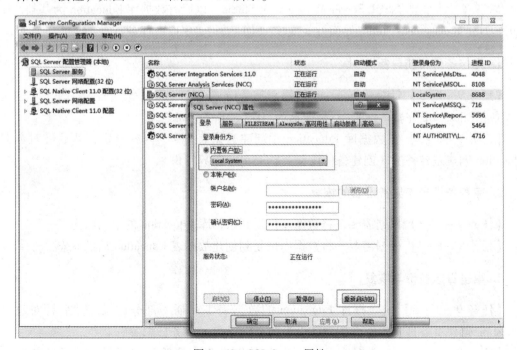

图 9 - 49 SQL Server 属性

图 9 - 50　SQL Server 代理属性

9.6　实　　训

实训 9 - 1　【备份与恢复】

以管理员账号登录 SQL Server Management Studio，以原有数据库 Education 为基础，使用 SQL Server Management Studio 界面方式或 T - SQL 语句实现以下任务。

1. 完整备份与差异备份

【任务 9 - 1 - 1】针对数据库 stu 创建完整备份集 "Education 完整备份 . bak"（创建备份设备：Education 完整备份），目标磁盘为"D：\user\stu. bak"。

【任务 9 - 1 - 2】在数据库 Education 中新建数据表 Test，内容自定，然后针对数据库 Education 创建差异备份（创建备份设备：Education 差异备份）。

2. 完整备份与差异备份后的恢复

【任务 9 - 1 - 3】根据需要，将数据库恢复到数据库 Education 的最初状态。

【任务 9 - 1 - 4】根据需要，将数据库恢复到创建数据表 Education 后的状态。

3. 事务日志备份与恢复

【任务 9 - 1 - 5】向数据库 Education 的数据表 Test 插入部分记录，然后针对数据库 Education 创建事务日志备份（创建备份设备：Education 事务日志备份 1）。

【任务 9 - 1 - 6】对数据库 Education 的数据表 Test 删除所有记录，然后针对数据库

Education 创建事务日志备份（创建备份设备：Education 事务日志备份 2）。

【任务 9 - 1 - 7】根据需要，将数据库恢复到在 Test 表插入记录前的状态。

【任务 9 - 1 - 8】根据需要，将数据库恢复到在 Test 表插入记录后的状态。

4. 文件与文件组日志备份与恢复

【任务 9 - 1 - 9】针对现有数据库 Education 创建完全文件和文件组备份集"Education 完全文件备份 . bak"，目标磁盘为"D：\user\Education 完全文件备份 . bak"。

【任务 9 - 1 - 10】在当前数据库中新建数据表 Test2，然后针对数据库 Education 创建差异文件和文件组备份。

【任务 9 - 1 - 11】根据需要，将数据库以文件和文件组的方式恢复到创建数据表 Test2 后的状态。

5. 综合应用——备份与恢复

【任务 9 - 1 - 12】向数据库 Education 的数据表 Test2 插入部分记录，然后针对数据库 Education 创建事务日志文件和文件组备份。

【任务 9 - 1 - 13】根据需要，将数据库以文件和文件组的方式恢复到数据表 Test2 插入记录后的状态。

6. 说明数据库备份和恢复的基本步骤

7. 说明 SQL Server 中的完整备份、事务日志备份和差异备份的功能特点

8. 写出与上述任务相对应的 SQL 语句

9.7 习　题

一、选择题

"保护数据库，防止未经授权的或不合法的使用造成的数据泄露、更改和破坏。"这是指数据的____。

A. 安全性　　　　　　B. 完整性　　　　　　C. 并发控制　　　　　　D. 恢复

二、简答题

1. 什么是备份设备？

2. SQL Server 数据库备份有几种方法？试比较不同数据库备份方法的异同。

3. 什么是还原数据库？当还原数据库的时候，用户可以使用这些正在还原的数据库吗？

第十章

企业综合实训项目

本章学习目标

本章的综合实训项目来源于金蝶软件 K3 RISE ERP 系统实际项目案例（蓝海电子有限公司 ERP 系统），初始化数据都源于真实数据。本章所选的案例充分考虑到实际岗位对数据库的要求。使学生能够将与本门课程相关联的若干知识及技能点融会贯通，并对所学的知识进行灵活运用，能够针对实际业务的需求进行数据库的开发和维护，同时提高独立分析问题、解决问题的能力，为今后从事数据库相关工作打下良好的基础。

学习要点

☑ 综合实训一：建表；
☑ 综合实训二：数据维护；
☑ 综合实训三：简单查询；
☑ 综合实训四：复杂查询；
☑ 综合实训五：视图；
☑ 综合实训六：存储过程与触发器。

10.1　综合实训一：建表

【实训目的和要求】

（1）根据项目要求建立相应数据库表；
（2）建立表之间的联系。

【实训软件要求】

金蝶 K/3　ERP 软件。

【实训内容】

1. 案例背景介绍

浙江蓝海电子股份有限公司是一家高新技术股份制企业，以制造、销售数码产品、小家电、生活百货等为主。该公司年销售额超 10 亿元，分别和全球著名品牌，如柯达、富士、松下、尼康、佳能、三星、卡西欧、宾得、联想、惠普、华硕、宏基、ThinkPad 等建立了合作关系，同时与招商银行、交通银行、中国工商银行、兴业银行、平安银行、浦发银行等开通信用卡分期付款和邮购业务，是目前国内主要的数码类 B2C 网站，也是"支付宝""快钱"等国内第三方支付平台的主要合作伙伴，还是国际知名数据公司 GFK 公司的签约数据提供商。该公司目前在北京、温州设立了 2 个公司和仓库，在全国 1 000 个城市开展代收货款业务，产品涉及数码产品、小家电、生活百货等。

2. 实训步骤

1）根据要求修改供应商表 t_Supplier

（1）打开"系统设置"|"基础资料"|"公共资料"，双击"供应商"，观察结果。

（2）打开 SQL Server 数据库，并找到供应商表 t_Supplier，如图 10 – 1 所示。

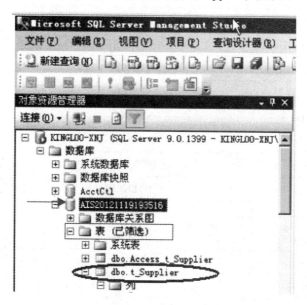

图 10 – 1　t_Supplier

请用 T – SQL 语句将该表中的某一个字段进行修改（任意选一个字段，比如将"FPhone"改成"FPhone1"）。

你所使用的 T – SQL 语句是：_____

_____

再次打开"系统设置"|"基础资料"|"公共资料"，双击"供应商"，观察结果。

比较两次结果有何不同，说明原因：

_____

_____

2）根据要求新建供应商表 t_Supplier

（1）用两种方式（可视化操作、T – SQL 方式）创建供应商表 t_Supplier。表结构请参考表 10 - 1、表 10 - 2。

表 10 - 1 表结构

字段名	类型	描述
FAccount	STRING	银行账号
FcurrencyID	INTEGER	币别 ID
Femployee	INTEGER	专营业务员
FFaxAcct	STRING	
FMinForeReceiveRate	FLOAT	最小预收比率（％）
FHomePage	STRING	公司主页
FLastReceiveDate	DATETIME	最后付款日期
FMaxForePayAmount	FLOAT	最大预付比率（％）
FAddrAcct	STRING	
FNumber	STRING	供应商代码
FOperID	INTEGER	
FParentID	INTEGER	上级内码
FPayTaxAcctID	INTEGER	应交税金科目代码
FPhone	STRING	电话
FPhoneAcct	STRING	电话号码
FAddress	STRING	地址
FPostalCode	STRING	邮编
FpreAcctID	INTEGER	预付账款科目代码
FAPAccountID	INTEGER	应付账款科目代码
FPriorityID	INTEGER	
FARAccountID	INTEGER	
FRegionID	INTEGER	区域代码
FBank	STRING	银行
FBeginTradeDate	DATETIME	开始交易日期
FSetID	INTEGER	结算方式
FShortName	STRING	供应商简称
FShortNumber	STRING	供应商简码
FStatus	INTEGER	状态
FBoundAttr	INTEGER	
FTaxID	STRING	税务登记号
FTaxNum	STRING	税务登记号

字段名	类型	描述
FTrade	INTEGER	行业代码
FValueAddRate	FLOAT	增值税率
FZipAcct	STRING	
FBrNo	STRING	公司及其分公司代码
FcashDiscount	STRING	
FCIQNumber	STRING	
FCity	STRING	城市
FContact	STRING	联系人
FContactAcct	STRING	
Fcorperate	STRING	法人代表
FCountry	STRING	国家
FCreditDays	INTEGER	信用期限
FCreditLimit	STRING	信用额度
FMaxForePayRate	FLOAT	
FCyID	INTEGER	结算币种
FdebtLevel	INTEGER	偿还能力
FDeleted	INTEGER	是否禁用
Fdepartment	INTEGER	分管部门
FEmail	STRING	邮件地址
FEmailAcct	STRING	
FMinReserveRate	FLOAT	最小订金比率（%）
FEndTradeDate	DATETIME	结束交易日期
FErpClsID	INTEGER	
FFavorPolicy	STRING	优惠政策
FFax	STRING	传真
FMinPOValue	FLOAT	
FModifyTime	UnKnown	
FItemID	INTEGER	供应商内码
FLanguageID	INTEGER	
FName	STRING	供应商名称
FLastRPAmount	FLOAT	最后付款金额
FlastTradeAmount	FLOAT	最后交易金额

续表

字段名	类型	描述
FLastTradeDate	DATETIME	最后交易日期
FLegalPerson	STRING	
FMaxDealAmount	FLOAT	最大交易金额
FMaxDebitDate	FLOAT	
FPOGroupID	INTEGER	
FPriceClsID	INTEGER	
FSetDLineID	INTEGER	
FProvince	STRING	省份
FSaleMode	INTEGER	
FTax	FLOAT	

表 10 – 2　键表

键名	类型
pk_Supplier	主键

3）建立表之间的联系

用两种方式（可视化操作、T – SQL 方式）建立供应商表 t_Supplier 与银行账号表 t_Account 之间的联系。

10.2　综合实训二：数据维护

【实训目的和要求】

（1）添加数据；

（2）对数据进行更新操作。

【实训软件要求】

金蝶 K/3　ERP 软件。

【实训内容】

1. 根据要求完成对部门表的数据的维护

（1）完成如下操作：打开"系统设置"|"基础资料"|"公共资料"，双击"部门"，点击工具栏上的"新增"，输入 10 条新的部门记录。

（2）回答下列问题：在可视化录入数据的过程中，你遇到了什么问题？是如何解决的？

（3）打开数据库部门表 t_Department，采用 T－SQL 语句增加 3 条部门记录，新增完成后，回到金蝶 K/3 软件，打开部门界面，观察效果。

（4）回答下列问题：在用 T－SQL 语句增加部门记录的过程中，你遇到了什么问题？是如何解决的？

（5）用两种方式（可视化操作、T－SQL 方式）修改部门的信息。修改内容分别包括：部门名称、电话、部门属性，修改完成后，回到金蝶 K/3 软件，打开部门界面，观察效果。

（6）回答下列问题：在用 T－SQL 语句修改部门记录的过程中，你遇到了什么问题？是如何解决的？

（7）用两种方式（可视化操作、T－SQL 方式）删除刚刚所建的其中的一条部门的记录。删除完成后，回到金蝶 K/3 软件，打开部门界面，观察效果。

2. 根据要求完成对采购订单表的数据的维护

2013 年 11 月 15 日，采购部拟采购鼠标、电源各 50 个。2013 年 11 月 17 日，采购部的李勇向苏州电器厂订购鼠标、电源各 50 个，单价均为 10 元（不含税）。2013 年 4 月 6 日货到，采购部通知原料仓库入库，仓库管理员陈力验收入原料库。2013 年 4 月 7 日，收到苏州电器厂开出的增值税发票，总金额为 1 000 元，税额为 170 元，同时还有代垫的 200 元（含税，税率为 17%，以下同）的运费发票。

1）可视化操作

操作步骤如下：

（1）采购申请单录入：供应链—采购管理—采购申请—采购申请单新增。

（2）采购订单录入：供应链—采购管理—订单处理—采购订单新增。

采购订单的生成有两种方法，一种是直接录入，一种是从采购申请单引入。

（3）查询该采购订单信息。

2）用 T – SQL 语句完成下面的步骤

（1）采购申请单录入 PORequest（采购申请单表）和 PORequestEntry（采购申请单分录表）各 1 条记录。

（2）采购订单录入 POOrder（采购订单表）和 POOrderEntry（采购订单分录表）各 1 条记录。

3. 回答下列问题

（1）在第 2 题中新增采购申请单和采购申请单分录时，如何保证数据的完整性？请说明你的做法。

（2）在 T – SQL 中如何实现从采购申请单引入到采购订单中？说说你的做法。

10.3　综合实训三：简单查询

【实训目的和要求】
1. 熟练应用各种查询；
2. 熟练应用常见函数。
【实训软件要求】
金蝶 K/3　ERP 软件。
【实训内容】

1. 根据要求完成对部门表的数据查询

打开数据库部门表 t_Department，打开"系统设置"｜"基础资料"｜"公共资料"，双击"部门"，用鼠标右键单击部门列表选择"部门管理"工具栏上的"查询"，完成下面的操作。

备注：可视化操作，指在金蝶 K3 系统中进行操作；T – SQL 方式，指在 SQL Server 2012 数据库管理系统中进行操作。

（1）用两种方式（可视化操作、T – SQL 方式）对部门表选择名称、部门代码，只返回结果集的前 6 行。

（2）用两种方式（可视化操作、T – SQL 方式）将部门信息按部门名称排序。

（3）用两种方式（可视化操作、T－SQL方式）查询部门为"采购部"的基本信息。

（4）用两种方式（可视化操作、T－SQL方式）查询"非车间"部门的名称和部门电话。

（5）用两种方式（可视化操作、T－SQL方式）查询所有名称中包含"电焊机"的部门的全名和部门代码。

（6）用两种方式（可视化操作、T－SQL方式）查询部门备注不为空的部门的全名和部门代码。

（7）用两种方式（可视化操作和T－SQL方式）查询所有"进行信用管理"的"车间"部门的基本信息。

（8）用两种方式（可视化操作、T－SQL方式）查询"财务部"或"采购部"的基本信息。

（9）建立采购部部门信息视图。

2. 根据要求完成对采购订单的数据查询

用两种方式（可视化操作、T－SQL方式）查询POOrder（采购订单表）和POOrderEntry（采购订单分录表）的记录，并用两种方式（可视化操作，T－SQL方式）完成下面的操作：

（1）查询采购订单信息，并将其信息显示出来。

（2）查询供应商为"荣发公司"的采购订单的基本信息。

（3）查询采购部的所有采购订单记录。

（4）查询业务员"王丽丽"操作的所有采购订单记录，并按照日期的降序显示。

10.4　综合实训四：复杂查询

【实训目的和要求】

（1）进一步掌握复杂查询；

（2）创建该项目的多表查询。

【实训软件要求】

金蝶 K/3　ERP 软件。

【实训内容】

1. 根据要求完成对职员表的数据查询

打开数据库表 t_emp，选择"系统设置"│"基础资料"│"公共资料"，双击"职员"，点击工具栏上的"查询"，并用两种方式（可视化操作、T–SQL 方式）完成下面的操作：

（1）建立职员信息视图。

（2）建立视图，将职员信息按部门编号排序，汇总各部门人数。

（3）建立视图，在职员表中查找姓"李"的员工的信息。

（4）建立视图，查询财务部或采购部的所有员工的信息。

（5）建立视图，查询财务部年龄最大的员工的姓名和年龄。

（6）建立视图，查询员工人数最多的部门的信息。

2. 根据要求完成对采购订单数据的复杂查询

用两种方式（可视化操作、T–SQL 方式）查询 POOrder（采购订单表）和 POOrderEntry（采购订单分录表）的记录，并用两种方式（可视化操作、T–SQL 方式）完成下面的操作：

（1）查询采购订单信息，并将其信息显示出来。

（2）查询采购 Ace 鼠标超过 50 个（含 50 个）的采购订单信息。

（3）查询采购数量少于 50 个（不含 50 个）的采购订单信息。

（4）查询交货日期在 2009 年 2 月 1 日之后的所有采购订单记录，并按照日期的降序显示。

（5）查询采购订单中供应商的总人数。

（6）查询供应商"广州光明公司"的供货次数。

（7）查询各供应商所供应的物料总数量，并按物料总数量的升序排序。

（8）查询使用物料数量最多的采购订单的信息。

（9）查询采购总价（价税合计）最大的采购订单的信息。

（10）查询没有使用"美华公司"供应物料的采购订单的信息。

（11）代码为"6.1.001"的供应商发现已供应给"销售二部"的所有物料存在质量问题，想找各订单的业务员商议补救办法。请列出相关的订单编号、业务员信息。

（12）查询"美华公司"（供应商名）最近一次供货的时间，并查出相关的订单编号。（提示：日期可以比较大小，年月日大于年月日）

10.5　综合实训五：视图

【实训目的和要求】

（1）了解视图的含义；

（2）创建该项目的视图。

【实训软件要求】

金蝶 K/3　ERP 软件。

【实训内容】

1. 根据要求完成对职员表的视图操作

打开数据库表 t_emp，选择"系统设置"|"基础资料"|"公共资料"，双击"职员"，点击工具栏上的"查询"，并用两种方式（可视化操作、T – SQL 方式）完成下面的操作：

（1）建立职员信息视图。

（2）建立视图，将职员信息按部门编号排序，并产生一个汇总行，汇总各部门人数。

（3）建立视图，在职员表中查找姓"李"的员工的信息。

（4）建立视图，查询财务部或采购部的所有员工的信息。

（5）建立视图，查询财务部年龄最大的员工的姓名和年龄。

（6）建立视图，查询员工人数最多的部门的信息。

2. 根据要求完成出、入库的视图的建立

用两种方式（可视化操作、T – SQL 方式）查询出、入库主表（ICStockBill）和出、入库明细表（ICStockBillEntry）的记录，并用两种方式（可视化操作、T – SQL 方式）完成下面的操作：

（1）查询库存信息，并将成品库、半成品库及原材料库的信息显示出来。

（2）建立一库存视图 V1，包含信息为库存数小于 20 的产品的信息。

（3）建立一库存视图 V2，包含信息为出入、库主表和出、入库明细表的记录。

10.6 综合实训六：储存过程与触发器

【实训目的和要求】
（1）掌握实际项目中存储过程的应用；
（2）掌握实际项目中触发器的应用。
【实训软件要求】
金蝶 K/3 ERP 软件。
【实训内容】

1. 根据要求完成下面的操作

（1）打开数据库表 t_Department，创建一个删除触发器。在部门表中创建一个触发器 t_IsDelete，当有员工在该部门中时，则触发该触发器，提示信息"部门中有员工，不能进行删除"。

（2）选择"系统设置"|"基础资料"|"公共资料"，双击"部门"，删除一条部门记录，观察系统反馈结果。

（3）打开数据库表 t_Department，建立一个触发器 t_RewriteDepartName，当向部门表中插入数据时，如出现部门名重复，产生回滚。

（4）选择"系统设置"|"基础资料"|"公共资料"，双击"部门"，添加两条部门记录，要求输入的部门名相同，观察系统反馈结果。

2. 根据要求完成存储过程的编写

（1）在数据库中，建立一个名为"Department_INFO"的存储过程，它带有一个参数，用于接收部门代码，显示该部门名称，并在 DBMS 中执行存储过程。

（2）在当前数据库中找到一个存储过程，并对该存储过程进行注释。

3. 思考题

建立一个触发器，当在职工表中修改数据时，如果出现性别不正确的情况，不回滚，只给出错误提示。